在难搞的日子笑出声来

大鹏
著

北京联合出版公司
Beijing United Publishing Co.,Ltd.

两岁时的我

童年时的全家福

很小就有车了

玩摇滚的，哦，不对，是打腰鼓的

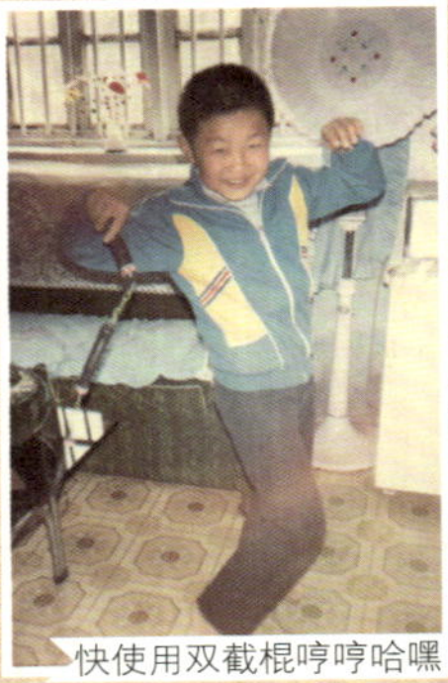

快使用双截棍哼哼哈嘿

一出道就是“笑星”

我初中时自己画的系列漫画《无常传》

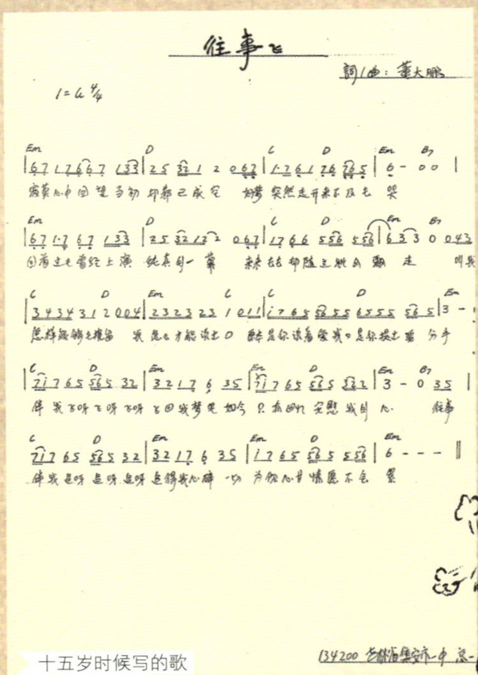

十五岁时候写的歌

1996 年第七期《中学生博览》刊登了我的笑话

校园幽默与漫画

领 会

我们班正进行数学测验，老师忽然说："第三道题没有答案，大家把'C'项答案改为'5'"。同学们听后暗喜，纷纷将"C"填入答案一栏。

聪明的回答

英语课上，老师提问单词。

师：父亲。

生：Father。

师：母亲。

生：Mother。

师：奶奶。

生沉思片刻后答道：Father's mother。

（佚名 130400 吉林梅河五中三（5）班）

活学活用

一日早操后，体育老师罚全体高中部学生绕 400 米跑道跑十圈，理由是他们出人不出力，神情萎靡沮丧。

初中部的男孩儿女孩儿们无不幸灾乐祸，其中一女生指着气喘嘘嘘的队伍尖叫："快看哪，这不是'搬地运动'么！"

阅读

"你喜欢读横排版的书还是竖排版的书？"

"竖排版的。"

"为什么？"

"我喜欢点头，不喜欢摇头。"

38

中学生博览

●快乐天地●快乐天地●快乐天地●快乐天地●快乐天地●快乐天地●快乐天地

哥白尼的学说

老师：天文学家哥白尼创立了什么学说？

学生：好像是……《进化论》吧！

老师：这么简单的问题都不知道，重新说！

学生：对，是"重新说"。

（董大鹏 134200 吉林集安七中二（1）班）

隆重推出：

"本期最佳笑星"

——吉林集安 董大鹏

39

中学生博览

自制专辑的封面照

"告别的见证"演唱会

我和康斌在大连的金石滩

我和我的"及格乐队"

我第一次追星

与名人唱片签合同时意气风发的我

在塘沽工作时的我

《无常传》中的主角

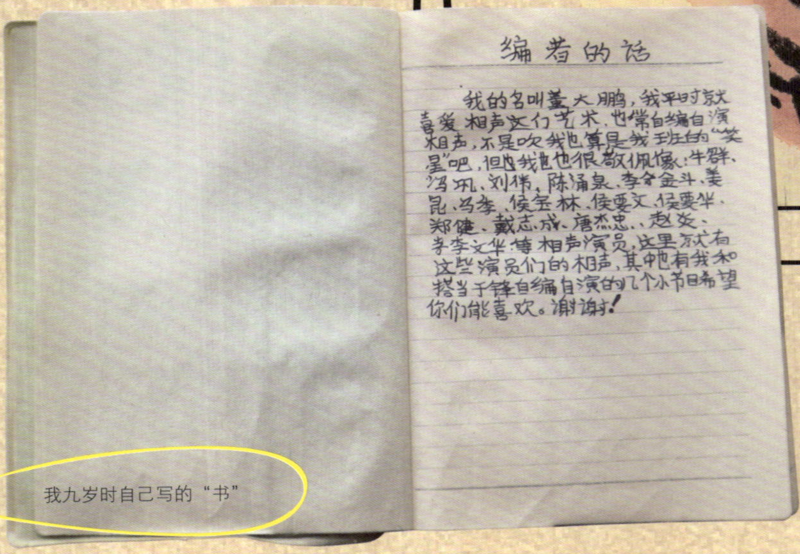

编着的话

我的名叫董大鹏，我平时就喜爱相声这门艺术，也常自编自演相声，不是吹我也算是我班的"笑星"吧，但我也很敬佩像：牛群、冯巩、刘伟，陈涌泉、李金斗、姜昆、马季、侯宝林、侯耀文、侯耀华、郑健、戴志成、唐杰忠、、赵炎、李文华等相声演员，这里就有这些演员们的相声，其中也有我和搭档于锋自编自演的几个小节目希望你们能喜欢。谢谢！

我九岁时自己写的"书"

1996年第七期《中学生博览》刊登了我的笑话

校园幽默与漫画

领会

我们班正进行数学测验，老师忽然说："第三道题没有答案，大家把'C'项答案改为'S'"。同学们听后暗喜，纷纷将"C"填入答案一栏。

聪明的回答

英语课上，老师提问单词。

师：父亲。

生：Father。

师：母亲。

生：Mother。

师：奶奶。

生沉思片刻后答道：Father's mother。

(佚名 130400 吉林榆树五中三(5)班)

阅读

"你喜欢读横排版的书还是竖排版的书?"

"竖排版的。"

"为什么?"

"我喜欢点头，不喜欢摇头。"

活学活用

一日早操后，体育老师罚全体高中部学生绕400米跑道跑十圈，理由是他们出人不出力，神情萎靡沮丧。

初中部的男孩儿女孩儿们无不幸灾乐祸，其中一女生指着气喘嘘嘘的队伍尖叫："快看哪，这不是'圈地运动'么!"

哥白尼的学说

老师：天文学家哥白尼创造了什么学说?

学生：好像是……《进化论》吧!

老师：这么简单的问题都不知道，重新说!

学生：对，是"重新说"。

(董大鹏 134200 吉林集安七中三(1)班)

隆重推出：

"本期最佳笑星"

——吉林集安 董大鹏

39

中/学/生/博/览

自制专辑的封面照

"告别的见证"演唱会

我和康斌在大连的金石滩

我和我的"及格乐队"

我第一次追星

与名人唱片签合同时意气风发的我

在塘沽工作时的我

《无常传》中的主角

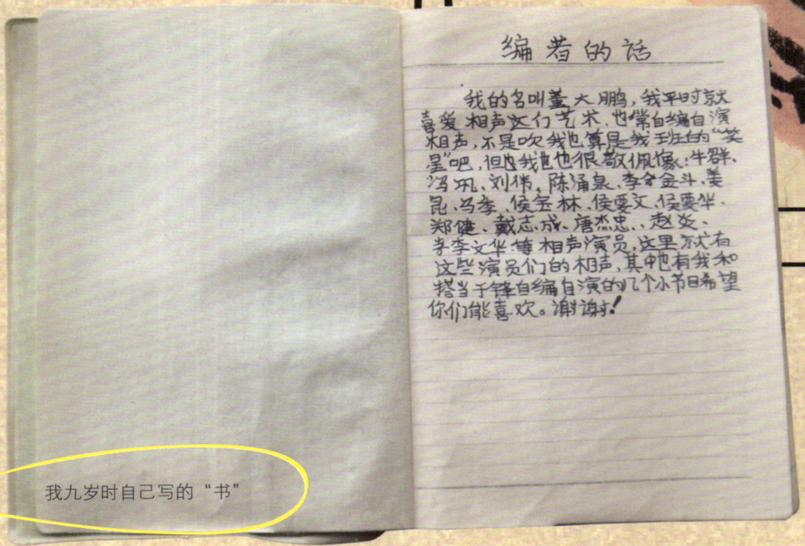

我九岁时自己写的"书"

九岁时的绘画作品《我要回家了》

在难搞的日子
笑出声来

在《大鹏嘚吧嘚》里扮演孙悟空

早期《大鹏嘚吧嘚》里的我

《大鹏嘚吧嘚》里“脸盆帮”帮主造型

《大鹏剧场秀》现场

《大鹏嘚吧嘚》里的搞怪造型

话剧《我要成名》剧照

在难搞的日子笑出声来

话剧《天作之合》剧照

电影《完美新娘》剧照

第一次主持电视节目羞涩的我

演出前和舞台交流

电影《倔强的萝卜》剧照

《百变大咖秀》上模仿偶像黄家驹

话剧《分手大师》剧照

在难搞的日子
在西藏拍的"裸照"
笑出声来

《屌丝男士》中的经典造型

穿着保安的服装导戏

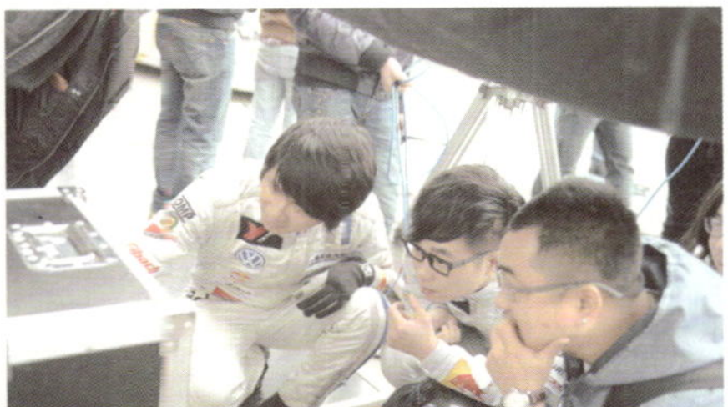

和韩寒在一起看监视器

在片场指挥机位

在拍摄现场陷入思考

林志玲在我的衣服上签名

我和姚晨在狗年搜狗的活动上

在场下给 HIBA 的队友加油

我和响哥在球队更衣室

武林高脚

在难搞的日子笑出声来

和团队及家人-

和师父师娘在拜师仪式上

《大鹏嘚吧嘚》团队

一家三口

我和女儿

自序

很多喜欢我的朋友，都加了《大鹏嘚吧嘚》的官方微信。我每天都会在上面发一段语音，微信里每一段语音最多可以说六十秒，每次都正好在第六十秒的时候说完。很多朋友问我："你是怎么做到这么准的？"其实很简单，每天晚上我都会说很多遍，每多说一遍，对时间的掌握就更精准一些，这里面并没有什么秘诀。

2012年《屌丝男士》第一季播出以后，不少人找我出书，我觉得自己没有资格，就都婉拒了。我做的很多事情都没有什么特殊的方法，如果我出一本书，对读者有什么帮助呢？

我开始对这件事情动摇，是有一次《大鹏嘚吧嘚》录影的时候，我们邀请了一些观众到现场，其中有个女孩儿很特别。大家听我的脱口秀都乐得不行，但是她一直不笑，就那么盯着我。等到录影结束，大家都过来合影，她也没过来，还是盯着我。后来所有人都走了，她也没走。我问她："你怎么了？"

她突然就哭了，我说："你别激动啊，为了我怪不值得的。"她平静了一会儿，和我讲了自己的故事。原来，她得了很严重的病，是从福建老家到北京治病的。她说自己生病以后，大部分时间里都是躺在床上接受治疗，偶然看到一个叫《大鹏嘚吧嘚》的节目，才终于又笑出声来，然后她就在网上搜了关于我的很多内容。她说我的经历挺励志的，节目内外的两个我，支撑着她最难熬的这段日子。

我和她聊了聊天，她的脸上才逐渐有了笑容。临走的时候，她说："我以前长的不是这样的，因为治病，现在变得不好看了，下次再见你，一定会比今天更漂亮。"后来她从北京回老家的时候，还来过一次录影现场，化了一点淡妆，果然比第一次见到她的时候状态好多了。

如果我出一本书，对读者有什么帮助呢？从她那里，我似乎得到了自己能够接受的答案。

在所有找我出书的人里面，磨铁的产品经理小美是很特别的一个。她经常会在我的微博里私信留言，一开始我也婉拒过她，但她还是留言，留了大半年，我觉得不和她仔细聊聊好像很对不起她。小美说我的那个问题不会有标准答案，我只需要真实地告诉大家自己遇到过什么，当时是怎么想的，又是怎么做的就可以了。接下来的事情，就都交给读者。

我想到那个因为我而变得乐观的女孩儿，就试着按照时间顺序，写下了这些故事。我很想分享一个感受，就是在写这些故事的时候，我发现很多当时觉得困难的事情，那些迈不过去的坎儿，到今天，有的都快忘记了。所以，无论我们此时此刻正在经历着什么，就顺着时间，总会到明天。

所以，对不起，我写了一本书，而接下来的事情，就交给你了。

C O N T E N T S

one 第1章 我成长的地方

two 第2章 北京给我的，全都收下

C O N T E N T S

three 第3章 一步一步靠近我想要的生活

four 第4章 关于《屌丝男士》的十个问题

在难搞的日子
笑出声来

one

第1章

我成长的地方

01 家

这本书的一开始，我想先告诉你，我是怎么来的。

我是我爸我妈在河边捡来的……好吧，不好笑，捡来的和其他人还有什么区别呢？我很酷，是在家里被我妈自己生出来的。

是的。在家里，被我妈，自己，生出来的。因为那时候家里条件不好，就没去医院。

我爸我妈都生长在农村，是邻居，也是同学，他们小时候每天都一起上学放学，要走四公里山路。我妈因为长得漂亮，常常被其他男生骂。我妈说，那时候的人，如果喜欢对方，就总会用这样的方法来吸引注意。而我爸常常因为帮我妈骂回去，被他们揍。

他们青梅竹马，两小无猜，门当户对，家里都穷，连身高都是一样的。我姥姥说我爸，哪儿都挺好的，就是个子矮，都是被心眼儿给拽住了。我爸我妈最终能够结婚，对我影响很深：一是确保了我能够来到这个世界，你能够看到这段文字；二是像我爸那样的身高和条件，都能够娶到那么漂亮的我妈，所以我一直相信爱情。

1982年1月12日的早上六点二十分，我出生在吉林省集安市的一间小平房里。那时候我爸我妈因为工作关系，已经从农村搬到了城里。我爸说，我出生以后很长一段时间里，除了吃饭睡觉就只剩下哭，而且嗓门极大，所以我并不是一个很讨喜的孩子。我妈抱着我回娘家的时候，我姥爷问我妈能不能把这孩子送回去，因为实在太吵了。

如果人的一生，眼泪有配额的话，我大概是想把大部分眼泪都在不记事的时候用掉吧，然后就只剩下傻乐了。这当然是比较文艺的说法，其实真相是我小时候营养不良，缺钙才哭的。

我开始记事的时候，我爸是通用机械厂的一名工人，我妈是市评剧团的一名演员，而且已经在唱主角了，唱《白蛇传》，唱《刘巧儿》。她经常在家里练唱，那是我的音乐启蒙。我去看她演出的时候，觉得妈妈好远，舞台好大，那是个特别神圣的地方，而且神奇——任何人登上去，都变得光彩夺目。台下的观众都看着你，为你鼓掌、欢呼，该是怎样的一种心情呢？我没有问过我妈，因为她演出完回到家总是很忙，洗衣做饭什么的，那是观众们看不到的女主角的另外一面。

没过多久，我妈就生病了，是肾炎。我妈离开了工作单位，开始去一个又一个大城市治疗，我被寄养在一个又一个亲戚家里。当时，医生说我妈这病顶多还能活三年，这都是我后来才知道的。所以，我妈说现在的每一天都是赚来的。

大概五六岁的时候，有一次我爸我妈又去外地治病。几个月后，我爸把我从亲戚家接回来，说妈妈回来了在家等我，我进屋转了一圈出来问我爸："妈妈呢？妈妈怎么不在？炕上坐了一个老太太。"其实那个"老太太"就是我妈，为了治病，她需要打激素，打得很胖，变了模样。小时候的事情很多我都不记得了，但是这个场景始终难以忘记，因为妈妈听到我这么说，她哭了。

从那以后，我妈就一直在减肥，直到今天还在减。每次我们见面，她都会问我："你觉得妈妈是不是瘦了？"

从小到大，我见过各式各样治疗肾病的药，还有偏方。有些偏到你无法想象，但我妈都试过。因为治病，我们家欠了很多钱，有一次我无意中听到爸妈聊天，说是家里欠了我爸单位一千块钱。在那个年代，我觉得一千块钱是永远都还不上的数目。既然还不上，也就没那么忧伤。

我小时候的玩具很少。那时候男孩儿们喜欢玩兵人，就是手脚都可以动的那种玩具小人。我买不起，只能自己做，捡了很多的螺丝帽、钉子、铁丝，自己给自己做玩具，还给它们起名字。现在逛街的时候，我经常都会买好多男孩儿的玩具，各种各样的小人，因为现在买得起了，想要给自己补回来。

又有一次我爸我妈从外地看完病回来，带了十个小兵人给我，花了五块钱，那是我爸我妈第一次给我买玩具。拆开塑料袋的那一刻，是我童年最最最幸福的瞬间。

有一段时间，我们家搬去了我爸单位的锅炉房住，因为之前租住的平房被拆了盖市场，就暂时搬去那里，"暂时"了大概两年多。烧锅炉的房间旁边是一个大澡堂，每天工人们下了班都在那里洗澡。晚上，那个澡堂就是我睡觉的地方。

那时候我上小学，我爸单位离学校挺远的，我自己骑自行车上学。冬天的时候冰天雪地，有些孩子走路都害怕，他们很佩服我还敢在雪地里骑自行车。这事儿现在想想确实还挺牛的，但是当时的情况是不骑不行，这个大招儿是被逼出来的。

后来家里开始做点小生意，条件慢慢好转，我们搬到了一个楼房，住在四层。搬家那天正好是我十一岁生日，我终于第一次有了自己的房间，朝北，没什么阳光。窗户对面正好是另外一栋楼的侧面，离得很近，还好那是一栋招待所的楼。对面的窗户里，每天都换不同的人，风景也算不一样。一直到上大学，我都住在那个五平米的朝北的房间里。

从平房到锅炉房再到楼房，我们家的面积一直不算太大。万家灯火中，我们家的灯，是很普通的一盏。不管我走得多远，那盏灯始终都在我的身后亮着，投下一个长长的影子，陪着我，告诉我，我并不孤单。

02 我想与众不同

我的家乡是吉林省集安市，面积不大，三面环山，一面临鸭绿江，江的对岸就是朝鲜。集安本来只是县城，因为对面是朝鲜的满埔市，所以后来集安也变成了市。由县升级成市的当天晚上，全城的人都出来庆祝，放了很多烟火。我什么都没看到，一抬头全是大脑袋。那年我才六岁。

我小的时候，整个集安市区只有几万人口，那是什么概念呢？基本上我爸走两步路就要和路人打一次招呼，满大街熟人，逛街很费嘴。有一次我目睹了一场斗殴，当事双方各自叫了一些帮手来打架，后来发现不仅叫来的人是同一拨，而且两人还是远房亲戚。那时候全集安的同龄人大部分彼此认识，基本上是同一个小学、同一个初中和同一个高中出来的。

我生长在这小城，被包裹得很有安全感，以至于后来我上大学去到长春，看不见山，就会恐慌。不过什么事情都需要适应，在最开始的时候，我在集安也会觉得空旷，因为感受不到大家注视我的目光。

我上小学的第一天就落单了。老师组织全班同学唱歌：“太阳当空照，花儿对我笑，小鸟说早早早……”我当时就傻了，全班四十多个同学都在唱，而我竟然不会，这是什么歌？我问我的同桌，我的同桌比我还惊讶：“你不会唱？你没上过学前班吗？”

我确实没上过学前班，各种各样的原因吧。不会唱那首歌，让我很自卑，我第一次感觉到自己可能比别的孩子缺了点什么，就在开学第一天。之后的日子里，就更加不自信了，我发现自己和其他同学的差距不仅仅只有一首歌。大家在学前班还学习了一些基本的算术和语文，我都不知道，同学们就不怎么愿意和我在一块儿玩了。

我为了不被大家忽视，甚至编织过一个谎言。小学一年级的某一天，我突然对同学们说：“其实，我认识孙悟空，他是我小叔。”那时候《西游记》很流行，孩子们经常扮演孙悟空去打妖怪，我经常扮演妖怪。我不想总是被欺负，就说我小叔是孙悟空，那帮傻孩子居然也信了。

我第一次得到了同学们的关注，却是因为谎言，但我不以为耻，还非常享受。有时候下课了，我会指着一座山说：“看，我小叔就住在那里。”偶尔山上有炊烟升起，我会说：“看，我小叔又在打妖怪了。”后来，这事儿传到了老师的耳朵里。再后来，我又继续扮演妖怪了。

我能记住的小学的事情不多，但对一件事印象深刻。那时候班级选班干部，我很光荣地当上了旗手，就是每一次活动在前面举旗的人。我觉得这很酷，因为影视剧里的人都是为了插红旗才牺牲的。红旗是一种象征，红旗就应该永远不倒，所以班级出去活动的时候，我不仅走路举着旗，吃饭的时候也要举着。很多同学都会笑我，我被笑毛了也会还嘴，别拿旗手不当干部之类的。当时有一位同学说：“卫生委员管卫生，学习委员管学习，劳动委员管劳动，你一个旗手管什么？你管的是旗，又不是人。”

我不喜欢这种被无视的感觉。终于有一天，学校通知我可以加入少先队了，可以和高年级的大哥哥大姐姐们一样戴上红领巾了。他们说红领巾是用烈士的鲜血染成的，能够成为少先队员是一种认可，我特别开心。

我妈给我准备了红领巾。入少先队的仪式在下午举行，那天出门之前，我妈摸着我的头说：“走出家门当你再回来的时候，就是少先队员了，你就不一样了。”可惜那天下雨，仪式并没有如期举行，我又拎着红领巾回了家。我特别不想让我妈失望，就在家门口自己把红领巾系在了脖子上。因为不会系，我随便打了一个死结。我调整心情，跑进屋对我妈说：“妈，少先队员回来了，你儿子不一样了。”我妈看着那个死结笑了，没有戳穿我。

我为什么那么希望别人关注我呢？可能还有一个原因：我是1982年1月出生的，这一年的1月份还是农历鸡年，我并没能属狗，所以我是和1981年出生的孩子们一起上的学。从小学到大学，我一直是班级里最小的那个。而且因为我的生日离春节很近，所以每一次过生日的时候，都在放寒假，其他同学都能够在生日那天收到生日卡，我却什么都没有。我总是幻想着同学们如果送我生日卡，他们会写什么。我有一种自己不被别人在乎的错觉。

我渲染这些可不是要你心疼我，只是想给自己接下来要书写的那些疯狂故事一个合理的理由：一切源自一首我不会唱的儿歌。如果上学是人生竞赛的起点，我第一天就输了，所以更加渴望被关注、被发现、被认可。后来我用各种各样的方法出风头，学各种各样的本领武装自己，都是因为我想要与众不同。

你发现了吗？这篇文章写到现在，才第一次用“你”字作为一个段落的开始，之前的全部都是“我”。因为我真的很怕你看不到“我”。

03 你想成为什么样的人？

小时候老师经常问，长大后你想成为什么样的人？当时的标准答案是警察，是医生，是科学家。我最初的回答是：“和尚。”

和尚在我幼小心灵里的形象实在太高大了，主要是因为《少林寺》。那时候全集安市只有一家电影院，播的永远是三部片：《地道战》、《地雷战》、《少林寺》。我上小学的时候，经常翻墙进电影院去看《少林寺》，动作和台词都记得很清楚。还有一首歌曲更加坚定了我对和尚的崇拜，因为第一句歌词就是：“和尚只在我梦萦。”长大后我才知道，原来唱的不是“和尚”，是“河山”。

所以，我的第一个爱好是武术。那时候有一本杂志叫《武林》，我经常去报刊亭翻看，默默记下动作，然后回家自己练。我有一个双截棍，是我爸用桌子腿和车链子给我做的，刷上黑色的油漆。我天天带着它上学，一边走路一边挥舞，非常吸引眼球，后来被老师没收了。

我还参加过一个武术班。教练是一个光头，他很厉害。我因为底子好，练得勤快，就当上了副班长。有一天教练生病，由另外的老师代课。他让我们自由练习，我和一个大个子交手，他打不过我就哭。代课老师觉得是我出手太重，狠狠批评了我一顿，这让我这个副班长感到很委屈，一怒之下退出江湖。

若干年后，集安市的适龄小地痞，大多是那个武术班的学员，所以我要感谢那位代课老师。

我还要感谢两位老师，一位是教二胡的，一位是教小提琴的。小学的时候，几乎每位同学都选择了一样乐器去学。我爸想让我学二胡，但是二胡老师无情地拒绝了我，他说我手太短，学二胡不科学。这让我很难过，因为我都还没有机会证明自己不行，就被人家说了不行。

后来我就转而学小提琴。在学校的兴趣班里，大概有十几个学生，用的都是学校里的小提琴。事实证明一分耕耘一分收获，凡是自己家有小提琴的同学进步都比较快。像我这样的孩子，因为不能在家练习，很快就只能滥竽充数了。

小学三年级的时候，集安市成立了少年宫，学校小提琴兴趣班的这些学生，直接成为少年宫小提琴班的学员。少年宫开学第一天的晚上有一个露天舞会，学生和家长一起参加。放学前小提琴老师把我留下，语重心长地和我说："大鹏啊，晚上你和你父母不用来参加舞会了，因为根据我的观察，你的小提琴水平和班上其他同学比起来，有很大的差距。你不太适合学音乐，以后可以试试去报别的班。"我一直忍到走出少年宫才哭，回家跟我妈说，我不喜欢学小提琴，以后不要学了。

那句"你不太适合学音乐"对我的影响很深，我觉得自己适不适合做一件事不应该是别人去评价的。但是，你认为我会立刻用实际行动证明他们的评价是错误的吗？并没有，我很听话地报了绘画班。

学画画的根本原因，是成本比较低，省钱，而且我也还算有天分，后来还拿过很多次奖——那时候少年宫的内部比赛中，所有的孩子都有奖。我还做过一些很有趣的事情，比如在我们家“暂时”住在我爸单位锅炉房的时候，我把整个更衣室的走廊都贴满自己的画，画的是圣斗士星矢，每一幅看上去都没什么区别，可是一边跑一边看的时候，就会发现那是一组动画。从走廊的这头跑到那头，星矢正好打完一套天马流星拳。我每天都跑好几个来回。

初中的时候我还画过漫画，模仿蔡志忠的画风，自己编剧情，强迫同学们看，看完还要写观后感。我的第一套漫画叫《无常传》，讲一个练武术的和尚的故事。那是我最初的梦想，就给画了出来。还有一套漫画专门是画我们班级的，同学们有各自的角色，有的人是将军，有的人是士兵，有的人是乞丐，我是国王。我在自己虚构的世界里寻找着成就感。但毕竟我是在模仿别人的画风，同学们新鲜过一阵之后，都去看原版的蔡志忠了，我失去了动力，也就没再继续这个爱好了。

我小时候还夭折过一个爱好，就是说相声，主要是受《曲苑杂坛》节目的影响。我有一个搭档叫于锋，他捧哏，我逗哏，这个决定是我做出来的。我告诉他他很帅，帅哥不能当逗哏的，抖包袱这事儿得我来，他欣然接受。后来于锋识破了我的计谋，发现根本就是逗哏的比较拉风，我俩就拆伙了。

说相声是比较低碳环保的爱好，不需要什么物质上的投入，和唱歌一样。我最开始对唱歌感兴趣是在小学五年级。班级的大合唱，老师挑我站在最前面。我以为是自己唱得最好，后来才知道是因为个子最矮。

我报名参加了全市的小学生歌唱比赛，曲目是《好爸爸坏爸爸》。那会儿我爸妈在外地治病，我其实是想找个机会让我爸回家看看我。我爸回来那天，我突然从饭桌上站起来说："爸，我要送给你一个礼物！"然后就唱起了那首歌，把我爸给唱哭了。人越长大越拒绝感动，类似的肉麻桥段从那以后再也没有上演过。

比赛当天，老师特地给我打扮了一番，穿上了一条背带裤。结果上场的时候裤子被踩了一脚，有一条背带断掉了，整首歌我都是双手紧紧攥住那条背带唱完的，生怕唱着唱着裤子掉了。原本设计的很多舞蹈动作根本没办法做。那次比赛我得了全市第二名，输给了一条裤子，非常沮丧，尽管那是我获得《百变大咖秀》第二季总冠军之前，参加过的所有比赛里成绩最好的一次。

爱好模仿也是从小学就开始的，最早模仿的人是郑智化和郭富城，因为同学借给我一盘磁带，就叫《郑智化大战郭富城》，A面是郑智化，B面是郭富城。我模仿他们唱歌，自己给自己报幕："接下来有请郑智化先生演唱一首《水手》。"我就变成郑智化的声音唱，唱完之后接着报幕："郑智化先生演唱完毕之后呢，我们要有请郭富城先生。”然后变成郭富城的声音唱歌。慢慢地，我能够模仿的声音越来越多，我自己报幕的这台晚会的阵容也越来越庞大。我不厌其烦地在放学路上“举办”一场又一场群星演唱会，自得其乐。

我还有很多爱好，比如写文章、打篮球、做饭什么的，但不是所有的这些爱好，最后都能够成为特长；甚至不是所有的爱好，在一开始都是爱好。

电影《蜘蛛侠》里有一句台词让我印象深刻：“你是什么样的人，取决于你选择成为什么样的人。”这里面提到的“选择”，我认为并不全部是主动的，就好像我们从事的工作、我们就读的学校、我们成长的环境，甚至我们的业余爱好，也许很多人都是被动做出的选择。面对这种情况，我让自己接受、适应，然后尝试改变，或者被改变。

当然了，这只是我的个人看法：顺其自然，平静地面对并热爱当下的生活。在我先后被两根弦的二胡和四根弦的小提琴拒绝在门外之后，顺其自然地，我成了全集安市六根弦的吉他弹得最好的人。

04 一张没有人买的专辑

我曾经出过一张没有人买的专辑。这事儿得从初一的寒假说起。

那一年，我的一个表叔考上了吉林农大。放寒假的时候，他拿回一把吉他，弹得算不上好，因为他也才学了不到半年，但是唬我足够了。我被这种乐器深深地吸引，心里想着，表叔唱这么烂用吉他伴奏出来都很好听，我也一定要学会弹。我说服我妈，用那年春节的压岁钱，总共八十块钱，让表叔在长春帮我买了一把吉他。

吉他邮寄回来的那一天，我兴奋极了。她就躺在我的床上，包裹得很严实，我很有仪式感地一层一层脱掉她的外衣，终于见到了羞涩的、娇小的、梦寐以求的她，却不敢伸手去触碰。只是那样静静地看着，我就很激动了。我把她供了起来，因为我不会弹。

当时全集安市都找不到一个教吉他的老师，我又让表叔给我买了一套教材寄回来，自己学，弹的第一首歌是《同桌的你》，练了三个月。练习的过程枯燥极了，后来我知道许多想要弹吉他的人都是在最开始的时候放弃了，或者是被身边不堪噪音折磨的听众逼迫而放弃的。

我练琴的过程没有听众，因为有一天我爸突然就下岗了，家里在很偏僻的地方开了一个小饭馆，我爸和我妈一个是厨师一个是服务员。那个饭馆吃饭的地方只有十几平米，但是却叫“真不同大酒店”。我现在的幽默可能都遗传自我爸。

家里开了小饭馆之后，我放学回家就只剩下自己一个人，一直到我考上大学都是这样。我从最开始的害怕到习惯，到喜欢上孤单。最尴尬的是春节期间小饭馆放假的那几天，晚上难得一家三口凑到一起，竟然都不知道怎么交流，大人小孩都别扭。

就算只有我一个人在家，我也要把自己“关”在厕所里练琴，因为厕所里有回音，琴声和歌声都更加好听。我经常会抱着吉他在马桶上坐好几个小时，导致后来很长一段时间内形成条件反射，如果不抱着吉他都拉不出来。

我练琴和上厕所都比较勤快，所以等表叔暑假再回来的时候，我已经可以唬他了。表叔家有一台录音机，我们俩合作弹了一些歌曲，然后录下来反复欣赏。从录音机里听到自己的声音感觉非常奇妙，就好像自己真的当上了歌星一样。表叔给我们的组合起了一个名字，叫“农大兄弟”。我对“农大”两个字倒是没什么意见，可难道我们不是“叔侄”吗？

假期过后，表叔又去农大读书了。随着吉他技艺的飙升，我开始尝试自己写歌。第一首歌是在1995年秋天完成的，叫《秋忆》，歌词里面唱“秋叶落下大雁飞，人已散了梦已碎”，特别矫情。其实这歌跟爱情完全没关系，唱的是我对“农大兄弟”这个组合的思念。我倒也不是想我表叔，主要是想他们家的那台录音机。

我最有名的那首歌，《秋天是用来分手的季节》，是在1997年秋天写的，也和爱情没有关系。那时候我因为打篮球脚踝骨折，所有同学都去参加学校组织的活动了，只剩下我一个人在班级里，就哼出了这个旋律。当时写歌对我而言是很简单的，上大学之前我就已经写了一百多首歌，每一首都有整理好的简谱，按照年份保存。上了大学以后，忙着谈恋爱，就再也写不出苦大仇深的歌了。

初中时的某一天，我上课写歌词被老师发现了。她不仅没收了歌词，还让我当着全班同学的面念出来，这个要求真的很过分。我心里别提多高兴了，因为终于有了一个机会，让其他同学知道我在写什么，让他们崇拜我。

可是他们并没有崇拜我，他们听到我的歌词哈哈大笑。老师批评我说：“你看看你写的是什么东西？你整天写这些以后能有什么用？”时隔多年，事实证明老师是正确的，我写了那么多歌确实没什么用，最后是通过主持和演戏才被大家认识的。

其实我并不介意大家笑我，因为歌词念出来本来就很奇怪，需要唱出来他们才知道我的厉害。可是，我要怎么唱出来才能被大家知道呢？我想起了表叔家的录音机。

又一次的假期，表叔从农大回来，我攒够了自己写的十几首歌，去他家录音——确切地说，是去他家的厕所录音。我在厕所里待了一个下午，给我表叔憋坏了，终于录好了一盘全部是我自己弹唱的磁带，后来又翻录了好几盘，还想送给表叔一盘。

表叔拒绝了我，他坚决不要，他说："兄弟，哥知道你只录了这几盘，很珍贵，还是把它们留给最需要的人吧。"我说："好的，叔。"但其实心里特别难过，他不要我的磁带比同学们嘲笑我的歌词还打击我。

那时候校门口有很多摆摊儿的，有一个卖磁带的摊儿生意特别火，磁带五块钱一盘，流行歌曲相声小品应有尽有。卖磁带的摊主有一台小录音机，音量总是开得很大，吸引同学们过去。有一天我等了好久才等到旁边没有人，就过去和摊主讲，我这里有一位冉冉升起的歌坛新星，也就是我的首张专辑，问他可不可以帮我代卖，我们五五分成。摊主很愉快地答应了我，然后问我有几盘，卖多少钱。我说暂时有三盘，卖两块，如果卖得好我们可以翻录。

摊主是一个好人，没有立刻和我翻脸，但是他果断拒绝了我希望他用那台小录音机在摊位前放我的歌这个要求。那一年我上初三，专辑起名叫《标准恋情》，来自我写的一首歌。磁带封面也是自己设计的，到打印社打印出来包装好，很精致。

很多天过去了，摆在地摊小角落的《标准恋情》一盘都没有卖出去，摊主叫我拿回去，因为他还得摆别的磁带。我只好留着自己听。他们都不识货，明明就很好听啊！

这就是一张没有人买的专辑的故事，那是我的首张专辑，距离现在快二十年了，我一直都还没有录第二张。当歌手是我的梦想，以后应该也会满足下自己，但是现在没有那么着急。因为我慢慢知道，有梦想不代表有能力，如果误解这一点，就会很痛苦。

就好像我看到很多选秀节目中，一些选手明明唱得很一般，依然高呼“我不会放弃我的音乐梦想”，我不觉得这是感人的。其实他们不知道，与其在错误的路上一直向前，还不如停下来，哪怕不走都是进步。

05 就把这江水当作海吧

我很喜欢邓丽君的一首歌，叫《小城故事》，因为我的家乡就是一座小城，总觉得她就是在唱我们。后来我自己也写了一首歌，觍着脸起名叫《新小城故事》，里面有一段歌词是这样的：“就把这江水当作海吧，我们牵手来一点浪漫吧，虽然这座城市有些小了，放下我们的爱也足够了。”

写这首歌的时候我才十五岁，现在肯定是写不出这种歌词了。家乡的那条江，别说当成海了，现在被污染得当成河都很难。

歌里的女主角其实是我的一位女同学，我不知道这算不算是初恋。等我讲完这个故事，你可以帮我判断一下。

她是一个转学生，初一的时候突然降临到我的班上，就坐在我身后。那时候我真的很生气自己的身高，如果再高一些就可以坐到后排了，每天就可以多看她无数眼。不过这样也好，每天她可以多看我无数眼，无论她是不是情愿。

她的样子不是最出众的，但是我看到她的第一眼就觉得她很特别，可能是因为她的短发吧，那时候所有的女生都是长发；还有，她的皮肤有一点黑，那时候所有的女生好像都是白白的；还有，她穿衣服的风格，因为是外地人，和我们都不太一样；包括她的口音，那是一种和电视上差不多的、很洋气的、我们学不来的口音。我们倒也不是学不来，只是说出来会很奇怪，会被其他同学笑，但是她说就不奇怪，那口音就好像长在她的身上一样自然。

那时候我给自己定了配额，每天都要想办法让她对我说一句话，一句就足够了。有时候说了两三句，就算赚到，可以存起来留给明后天用。

我觉得全班的男生都应该是喜欢她的，为了能让她对我印象深刻，我采用了一个比较极端的方法，绝对不会有其他人这么做。我发现她特别喜欢看书、看杂志，就拼命写文章，给杂志投稿。我希望有一天她打开那些《少男少女》、《当代歌坛》、《中学生博览》什么的，可以看到我的名字。

几个月后，她知道了这件事情，并不是因为她在杂志上看到了我的名字，因为我的文章根本就没有被发表过。她应该是逐渐察觉到我对她的好感，察觉到我一直在写些什么的奇怪举动了吧。后来她问起来，我也没有承认是因为她才写的，只是说自己很喜欢文学，希望有一天能够把自己写的东西变成铅字。她说："那好吧，我给你一点动力。如果有一天你的文字发表在杂志上，我就答应你一个要求。"

她说得轻描淡写，我听得惊天动地。我开始更加努力地写作，散文、议论文、说明文、歌词、小说、诗歌，各种各样的文体都尝试，疯狂投稿。我想着如果真的有一篇发表了，她就可以答应我，和我交往了。可是这过程实在太漫长，漫长到足够让人忘了当时的那句话，我的文字被发表出来，已经是两年以后的事情了。

是的，终于在两年以后，在1996年第七期的《中学生博览》杂志上，我的文字被发表了，那是一则笑话。凭借那则笑话，我还获得了当期杂志的“最佳笑星”奖，笑话的内容是：

《哥白尼的学说》

老师：天文学家哥白尼创造了什么学说？

学生：好像是……《进化论》吧！

老师：这么简单的问题都不知道，重新说！

学生：对，是“重新说”。

哈哈哈哈，你到底是因为这则笑话的内容，还是因为我折腾了那么久，到最后只发表了一则笑话而笑的呢？尽管只发表了一则笑话，也已经很拉风了。很快全学校就都知道了这件事情，大家投来的目光中开始有崇拜，来自全国各地的想要和我交笔友的信件也纷纷寄过来，但是我最在乎的还是她的反应。

果然在我的提醒之下，她才想起当年的那句话。她说：“好吧，你希望我答应你什么要求？只要是我能做到的，我一定同意。”

她依然轻描淡写，我依然惊天动地。我想了想，很认真地对她说：“请你答应我，帮我起一个笔名吧，我到现在还没有笔名呢。”

就这么简单的一个要求？对，就这么简单的一个要求。

是不是太怂了？其他的我实在说不出口，那就求一个笔名吧，何况经过那么长时间的积累，我已经深深地爱上了文学。她说：“既然你喜欢唱歌，而且唱得很好听，你的笔名就叫‘悠扬’吧。”从那以后，我陆续又在杂志上发表过几篇文章，笔名都是“悠扬”。

其实我不太喜欢“悠扬”这个笔名，本来我想给自己起一个笔名叫“佚名”的，因为我觉得那个叫“佚名”的人写出来的东西都很棒，我经常在各种地方看到他写的文章和歌词，很崇拜他。后来才知道，凡是在不知道原作者叫什么名字的情况下，署名都是“佚名”。

除了写文章投稿，还有一件事儿我也觉得很浪漫。我们的小城有一个习俗，每到端午节，男孩儿们都会折很多纸船，写下自己的愿望，约上喜欢的女孩儿一起去江边放小船。有一年，端午节前一天放学的时候，我递给她一张纸条，大概的意思是“我想约你一起去放小船，你要是同意，今晚就点亮你房间那盏小台灯”之类的。

谁家晚上不点灯呢？但是当时我默认她当晚点的那盏台灯是因为我。

端午节早上天还没亮，我就已经等在她家楼下了。她穿了一件长长的格子衬衫，我第一次看见有女孩儿那样穿衣服，衬衫也没有掖进裤子里，就松松垮垮的，但是比现在很多紧紧实实的更加诱惑。

那是我人生中的第一次约会。据目击的同学们后来回忆，场面相当诡异，我和女孩儿，一个在街这边，一个在街那边，两个人隔着整条街，一起并排往江边走。同学问我：“你确定你们是在约会吗？”我说我确定，只是因为胆子太小了，怕被别人看到，不敢走在一起。同学又问：“可是她的身边怎么还有其他男同学呢？”

那真的是我人生当中的第一次约会，至少我是这么认为的，尽管到后来我们走散了，我自己放了小船。

放完小船没多久，在初中升高中之前，她回到了她的城市，我就再也没见过她。后来在同学聚会的时候听说，她已经嫁到了深圳，生了一个宝宝，很幸福。不知道她能不能看到我现在的那些剧集和节目，如果可以的话，也算用另外的方式实现了当年我在纸船上写下的愿望：长大后要和她在一起。

我们甚至都没有过一个正式的道别，只是突然的某一天，她就不来上学了。后来她就只能出现在我的歌里：“就把这江水当作海吧，我们牵手来一点浪漫吧，虽然这座城市有些小了，放下我们的爱也足够了。”这些都只是一个十五岁少年的美好幻想罢了，江既不可能是海，我们也没有牵过手，而那座小城并没有放下她，甚至我。

写到这里，我似乎找到了喜欢她的原因。那时候对于小城里的我而言，她就是外面的世界，所有她带来的一切，都充满神秘，让我好奇。而现在，我已经来到了这样的世界，也在用她那时候的口音说话，就好像长在自己的身上一样自然，那座小城反倒成了我的远方，令人向往。

By 悠扬

06 睡马路，只为看一眼外面的世界

那是在1999年的暑假，我十七岁的时候，我第一次离开自己的家乡，看到了外面的世界。

和我一起去的是我的好朋友康斌，我们是同班同学，也是邻居。他比我大两岁，他晚上学一年，我早上学一年，所以他各个方面的能力都在我之上。我很依赖他，什么事情只要有他在，就会变得很容易。

可能是因为年纪比我大吧，他的很多想法在我眼里都是很疯狂的。比如有一年东北发大水，他半夜突然背了一个包出现在我家门口，我问他干啥，他说："你赶紧收拾行李，我们去抗洪救人。"我问："你爸你妈同意吗？"他说："他们不知道，不管我们能不能真的救到人，难道你不想看看外面的世界吗？"

"难道你不想看看外面的世界吗？"这句话确实很有诱惑力，我立刻做了一个决定，打电话给他妈，把他从我家拎走。

康斌最大的爱好是写字，这和我也有关系。小学时我进入少年宫的绘画班，我妈怕我没有动力，就让康斌陪着我一起去学。结果他不好好学画画，总跑去隔壁的书法班蹭课，蹭来蹭去蹭得一笔好字，我现在的

签名就是他给设计的。

他还喜欢讲大道理，总是对我夸夸其谈，很有见识的样子。他迷恋一本杂志，叫《演讲与口才》，他不仅自己练，还找我一起陪练。为了锻炼口才，我们经常会玩一个很无聊的游戏，就是随机进入一个饭店，不吃饭，待一会儿再出来，我们轮流进去，看谁待的时间比较长谁就获胜。我不知道他用了什么样的方法，反正我的方法是一进门就问服务员：“请问有一位姓康的先生在这里吃饭吗？”服务员就会让我找一找，我找不到就说自己先等一等，这个方法屡试不爽。

有一次我进了一个大饭店，照例问服务员：“请问有一位姓康的先生在这里吃饭吗？”服务员马上说，有啊有啊，康先生在包厢里等了半天了，一边说一边把我领进一间全是陌生人的包厢。我吓得不行，连忙说我找的不是这位康先生，是另外一位，然后狼狈逃走了。

1999年暑假的某一天，康斌再一次在半夜背着包出现在我家门口，连台词都是一样的：“难道你不想看看外面的世界吗？”

我说：“想。”因为过了这个暑假就高三了，就要考大学了，可是我都不知道外面的世界长什么样，怎么报考志愿呢？他说：“那就好，我已经计划好路线了，我们从家里坐汽车去通化，然后坐火车去大连，再坐船去上海，看看大上海的样子就回来。这一趟差旅食宿我们能省则省，各自出一些钱，加一起就够了。”

我问他：“我需要和家里要多少钱？”他说八百块。我继续问：

“那你有多少钱？”他说他有一百块。

第二天，我们拿着加在一起的九百块钱就出发了，我带着我的木吉他，他带着他的纸和笔。我和家里说要跟康斌去他在通化的亲戚家玩几天，康斌和家里也是这么说的。我不敢告诉他们，我俩要去那么远的地方，因为我十七年都没有离开过通化地区，而且又是两个孩子一起，他们肯定不同意。

不过我对康斌是信任的，我想他这么有把握，应该是去过不少的地方吧。谁知道他和我一样，都是第一次出远门，以前的那些“见识”都是从书里看来的。一路上他激动得和每一个坐在附近的乘客搭讪，留联系方式说会给他们写信，连我都觉得他很幼稚。他也确实制订了一个很周密的计划，但是根本没有按照计划行事。他说，既然都已经出来了，就不妨多去几个地方。于是我们第一站并没有去到大连，而是在沿途的抚顺和金州各住了几天。

我们在抚顺成功潜伏进一个旅行团，蹭团和人家一起游览，还在金州观看了四川队和大连队的一场足球比赛，之后才到大连。大连火车站的对面，正建着一栋高楼。那天雾很大，我看不到楼的顶端，家乡的楼没有超过六层的，但是那栋楼一直盖到天上，让我很惊讶。那是我对大连的第一印象。

我们“下榻”在一个录像厅，那天晚上是女足世界杯的总决赛，中国队对美国队，录像厅里通宵直播。我们睡了一会儿起来看球，结果中国女足输了，所有的人都特别沮丧。我们俩更加难过，因为钱已经花得差不多了。

康斌说要理智一些，剩下的钱就算可以继续走下去也回不来了，还不如就此打住，然后返程；不过既然来了，我们还是要去看看海，大连金石滩的海是最美的，我们就去金石滩吧。

我都不知道他是哪儿得来的这些讯息，我俩又坐了车去到金石滩。我们都是第一次看到海，激动得还没走到沙滩，就给傻瓜相机照得没有胶卷了。金石滩的大海确实很美，一望无际，康斌说："你看到了吗？我们走了这么远，已经来到了世界的尽头，这里就是天涯海角。我决定了，以后我就要到这个地方来，你要不要一起来？"我没有答应他，因为总觉得可能还有更远的地方，只不过现在看不到而已。

我把一直跟着我的吉他的背带解下来，扔到海里，一边扔一边嘟囔，希望它可以替我去看看更远的地方。我也不知道它会漂到哪里，没准儿我刚一转身，就被别人捞起来了也说不定。

我们和大海聊了会儿天，就返程了。可是剩下的钱不够送我们回家，只够买到沈阳的票，也挺好，又多去了一个城市。在沈阳下车的时候已经是晚上了，我们无处可去，就漫无目的地走，走累了，就决定在马路边睡下。我记得那天晚上我们特别兴奋，怎么也睡不着，也可能是水泥地实在太硬了，硌得慌。

第二天早上清醒过来，我们决定面对并解决回不去家这个严重的问题。康斌说我带着吉他，可以卖唱，正好试试自己的斤两；而他自己要去商场，给别人设计签名，一个签名五块钱；大家用各自的本领去凑钱，凑齐了就回家。我们分头行动，约好了时间地点集合。

我走到一个广场，那里有一个巨大的毛主席雕像，挥着手，后来知道那是沈阳的中山广场，我就在那个广场上唱。我把帽子脱掉放在地上，里面放几毛零钱，提示路人这是在卖唱。尽管周围没有一个人认识我，我还是相当忸怩，不敢大声唱，也没有人驻足停留，他们看上去都匆匆忙忙。

第一个停下来的是一个小男孩儿，大概十一二岁吧，很机灵。我给他讲了我们的遭遇，孩子说他也没有钱，但是他可以给我当托儿，就站在这里听，这样就会有更多的人停下来，没准儿可以赚钱。大城市的小孩儿就是聪明，他就一直站在我面前听我唱歌，唱着唱着我就不再害羞了，唱着唱着声音就大了，唱着唱着围观的人就多了。

那天我和小男孩儿一起赚了几十块钱，中午的时候我还请他吃了一顿盒饭。小男孩儿说他想到办法帮我了，可以回家去和爸妈要钱，但是他没钱打车，只能从我手里拿走了十块钱。临走时他还夸我的帽子很漂亮，很自然地戴在自己头上坐进出租车，叫我等着他。

我等到天黑他都没有再回来。后来和康斌讲起这事儿，他觉得我是被骗了，可是直到今天我都觉得小男孩儿不会骗我，可能是他的爸爸妈妈不允许他再出来了。那天康斌也有收获，但是我们加在一起的钱还是不够把我们送回家。我俩舍不得找地方住，就又在马路上眯了一晚，熟能生巧，这一次睡得安稳多了。

第二天卖唱，小男孩依然没回来，但是却来了一个大男孩儿。他听我唱了好几首歌，突然问，可不可以把吉他借给他弹弹？他唱了一首崔健的《花房姑娘》，给他扔钱的人比给我扔的还多。

他叫郭艳东，长得很憨厚，是吉林省吉林市人，所以聊起来听说我也是吉林省的，就格外亲切。我给他讲了我为什么会在这里卖唱，他也给我讲了他的故事。原来那是他来沈阳的第三天，他是来找工作的，和一个朋友一起，住五块钱一晚的大通铺，上面躺着十几个大老爷们儿。他很认真地听我唱了自己写的歌，还夸我写得好。我特别开心，因为终于找到了欣赏我音乐的人。

那天我们聊了很久，临走时郭艳东翻遍了口袋，掏出他仅剩的三十块钱。他说他还有朋友，也可能很快就会在沈阳找到工作，就可以赚钱了，这三十块钱对我更加重要，所以全都给我。我不知道应该怎么感谢他，就翻出自己随身带着的一盘录满了我写的歌曲的磁带送给他，还留下了我的通信地址。

因为那三十块钱，当天晚上我和康斌就坐上了回家的火车。这一路上的人和事，我都没敢和父母讲，也没有和其他人分享。大连那栋高耸入云的大楼偶尔会闯进我的梦里，我在想等它盖好以后，人们也就住在云上了吧，那会是怎样的感觉呢？他们应该会看得更远吧？我暗下决心，高三一定要更加努力，考到大城市去，住到云里面。

从那以后，康斌就视大连为唯一的奋斗目标。他经常这么说，也的确做到了。现在他定居在大连，在辽宁师范大学教外国人学汉字。我在《屌丝男士》里教一堆老外说中文的桥段，就是他给我的灵感。他娶了一个日本学生当老婆，一家人幸福地住在他的“天涯海角”。

郭艳东和我一直有书信上的来往，后来他在沈阳的工作不太顺利，就回到吉林老家；再后来他成为一家报社驻吉林记者站的记者；又过了几年，他被调到长春。他到长春的时候，正好是我在长春读完大学准备去北京的时候。我们一起喝了顿酒，畅想着各自的美好未来，然后分别。

某一年的春晚后台，我突然撞见了郭艳东，我俩激动地抱在一起，我这才知道他现在已经成为《新文化报》文娱部首席记者，来采访春晚。后来我帮他牵线搭桥，拿到了赵本山的独家专访。过了十几年，终于有机会报恩。郭艳东憨厚地笑着说，看来多做些好事还是不会错的。

忘了是从哪里看到的话了，说眼界决定视界，视界决定境界。我不太会去记这样的名言，总觉得说教味太重，不过多出门走走，对年轻人还是很好的，就好像我们的这次远行，经历了坎坷，遇见了美好，开阔了视野，确立了目标。我和康斌偶尔也会聊起那段奇妙的旅程，他说得最多的话就是：“如果哪天我们有机会写书，一定要记得把睡马路这事儿写进去，那也算咱们没白睡了。”

07 玩摇滚的好学生

我一直都是一个好学生，这一点连我爸妈都很惊讶。因为从初中开始，他们就忙着开饭店，晚上都是我一个人在家，他们也没太操心我，但是我的学习成绩始终不差。初中的时候我是全班的前三名，到了高中也稳定维持在前十名左右。

我认为这很正常，因为那个时候是学生，或者说职业就是学生，所以成绩好是唯一敬业的表现，更何况在现在的应试教育下，想要考试成绩好，还是有很多窍门的。我可不是教你诈，只是想告诉你，只有让自己变成一个传统意义上成绩很好的“好学生”，老师和家长才会给你空间，让你去触碰自己真正感兴趣的事情。

比如我弹琴唱歌这件事情就没有遇到太大的阻力，如果硬要说有阻力的话，我觉得那就是：没有合适的平台展示自己。那时候学校很少组织什么文艺活动，我空有一身好武艺，但是同学们都看不到，搞得我很没成就感。

于是我做了一个惊人的决定：我要在集安市举办一场演唱会！

我觉得单凭自己的力量肯定无法完成这个任务，因为办演唱会涉及租赁场地和灯光音响、设计海报和门票、宣传推广以及维护现场秩序等问题，我没有办法一个人搞定，甚至就连演出需要的电声乐器我都没有。所以，我开始组建自己的团队。

我把这个想法首先告诉了一位学姐，她叫钱环宇，那一年我高一，她高二。我为什么先找到她呢？因为她在我眼里非常有组织能力，也非常喜欢音乐。她通过书信的方式加入了一个全国性的BEYOND歌迷组织，定期会收到一些BEYOND的剪报资讯，有时候她会借给我看，让我非常羡慕。

钱环宇听了我的想法很兴奋，她愿意帮我，不过前提是她要参与演出。她决定去少年宫学架子鼓，因为只有架子鼓是可以短时间内速成的乐器，而且顺其自然地，我们可以在演出时从少年宫借一套架子鼓出来，这样还解决了一件乐器的问题。她说，自己马上就上高三了，再也没有这么多的业余时间了，所以我们不妨就组一个乐队，演唱会结束以后就解散，也算给高中生涯留些念想。

哪有任何一支乐队组建的目的就是为了解散呢？有，就是我和钱环宇的这支。我们俩给乐队起名叫“见证乐队”，也给那场演唱会起了个名字，叫“告别的见证”。

见证乐队的第三位乐手是一个弹电子琴的小女孩儿，她是隔壁班的。我和钱环宇打听了很多人，才找到一个自己家有电子琴，而且会弹，关键是家长还不反对的同学。我们还缺一位贝斯手，我想起了我表叔，他已经从吉林农大毕业回到集安政府工作了，但是已经很久没有弹吉他。我说："那正好，忘了吉他吧。恭喜你，你现在是贝斯手了。"

有了乐手之后，我开始倒腾乐器，我让我妈帮我去她以前的单位评剧团，去问问能不能搞到些电声乐器。那时候评剧团已经倒闭了，有一些老员工组织起来，给各种婚礼和开业演出。我妈给我介绍了一位叔叔，他领我来到一个仓库，里面果然躺着一把受伤的电吉他和一把电贝斯。叔叔说评剧团从外地引进了这些电声乐器，还没有开始排练剧团就倒闭了，他现在把它们借给我，要我好好地用。他把乐器好像希望一样递到我手中，那一刻我突然觉得那场演唱会不仅仅只是见证钱环宇要毕业而已。

人和乐器都齐了，我们开始排练，就在钱环宇学架子鼓的教室里，每个周末都练。大家都没有组乐队的经验，所以一开始进度非常缓慢，但是随着每个人对乐器的熟悉，乐趣也就逐渐多了起来。几个月后，我们已经可以合奏十几首歌曲了，大部分都是BEYOND的，我是主唱。

演唱会的海报是我联合班级里语文最好的同学们一起设计的，回报就是免费得到我们的演唱会门票。门票也是我们自己画的，定价两块钱一张，买两张以上会有优惠，这是钱环宇出的主意。我们做好了设计之后，去打印社打印出来。因为不舍得用彩印，所以只印了几张彩色的自己留作纪念，剩下的海报和门票都是黑白的，这也直接导致了最后演出当天出现很多复印的假票。

真的有很多假票，负责检票的我的同学们到最后都放弃了。那场演出实在太火爆了。集安市本来就不大，人们口口相传，说终于出现了一支本地的摇滚乐队，而且唱完就解散，大家都想来看个热闹。原本只能坐三百人的演出场地，最后硬塞了也不知道多少人，挤得水泄不通，每个人都站着。其实场地里是有板凳坐的，那一个一个的板凳都是我和钱环宇从以前的小学搬过来的。

演出场地是学校附近一个新开业的录像厅，生意一直不是很好，因为足够大，而且本身就有音响，所以我和钱环宇去找老板谈，希望他可以借给我们用。我们说如果演出成功了，所有的观众都会记住这里，对他的生意也有好处。老板一开始不同意，非要收钱，我们又想了一个办法，说他可以在演出过程中向观众卖酒水，应该会比他开一晚上录像厅还赚钱，他就答应了。

那天晚上我第一次站在舞台中央，唱出了自己的理想，台下的观众抻着脖子看我，就好像我妈唱评剧的时候那样。我终于明白了那是怎样的一种感受——很幸福，幸福到唱着唱着自己就起了一身鸡皮疙瘩，很想流泪。我看到站在角落里的我的父母，他们事先并没有说过要来；我还看到了我的班主任，她那天格外漂亮；还有借给我吉他的评剧团叔叔，肩上扛着他的孩子，眼里分明也有泪光。最开始他们只是静静地听，到后来变成全场大合唱，一直到所有的歌都唱完了，人们还不肯离去。我们的同学、朋友、不认识的人，陆续上台唱了几首歌，我们乐队给伴奏，一片狂欢，我甚至都忘了那场“告别的见证”演唱会到底是怎么结束的了。

那场演出除去成本，我们还赚了几十块钱，几个乐手在附近下了顿馆子，我第一次喝了酒，第二天乐队就解散了。那时候没有录像，关于那场演出的一切被我封存在一个档案袋里，里面有我们海报和门票的设计稿、我们的排练单、我们演出时候的照片，还有演出结束后同学们给我写的纸条，我经常会翻出来看看。那是我的第一支乐队，很不成熟，但是无与伦比。

见证乐队解散之后，我很快就有了一支新的乐队，鼓手叫马鑫，他是钱环宇的架子鼓老师。马鑫比我大三岁，长得很帅，歌唱得很好，在市少年宫教架子鼓。他看了我们的演唱会之后非常激动，主动找到我说我们可以一起干。

有了全集安技术最好的鼓手，我决定其他乐队成员也一定要最好的。我和马鑫一起去说服了当时集安市最贵的钢琴老师王维乐，还通过选拔的方式面试了很多人，最终确定了一个从外地读书回来的贝斯手，叫孔探。我表叔曾经很想加入这支乐队当贝斯手，被我无情地拒绝了。他必须感谢我，离开乐坛以后，他踏上了自己的政治生涯，现在已经当上乡长了，是我们集安市历史上最年轻的乡长。人最重要的是做自己适合的事。

这是我的第二支乐队，叫“及格乐队”，名字是我起的，主要是想讽刺一下那些对摇滚乐有偏见的人，告诉他们虽然我组了乐队，但是我学习成绩一样可以很好，还不至于不及格。我是及格乐队里面年纪最小，也是唯一一个还在上学的成员，但是排练和演出的很多事情都是我说了算，只不过我不能再继续拉风地当主唱了，因为马鑫和孔探唱BEYOND唱得都比我像。

及格乐队在技术水平上超过见证乐队好几倍。我们最火的时候，在当地办过上千人的露天演唱会。每次我放寒、暑假，我们就会在酒吧驻唱，我穿着紧身加亮片的演出服，很投入地扮演着“摇滚乐手”这个角色。

记得有一次乐队在酒吧开专场，马上开演了，可是观众却很少，我非常郁闷，就出门透透风。这时候一个乞讨的老人走到我面前，我给了他一块钱，他说了句：“谢谢你，祝你顺利。”等我再回到酒吧的时候，里面已经装满了人。从那以后我就落下了病根，各种演出之前都要到门外转一圈，试图碰上一个乞讨者，如果没碰上就随便找一个人，硬塞给他一块钱，仿佛只有这样做了演出才能顺利进行。我一直到今天都是这样。

我考上大学以后，及格乐队就解散了。马鑫加入了评剧团老前辈们的组织，给一些婚礼和开业唱歌；王维乐娶了一个外地老婆之后，搬到了她的城市；孔探先是招了一批学生学弹吉他，后来发现不太赚钱，就当了一名电工。跟他学吉他的学生又招了学生，现在集安市很多弹吉他的年轻人，都管我叫师爷。及格乐队是那座小城的传说，到现在都没人能超越。我们几个每年过年都会聚，见面的时候就会更加感慨我们四个走到一起实在是太合理了，因为刚好凑齐一桌麻将。

和我一起组建了第一支乐队的那位学姐钱环宇，她的学习成绩很好，最后考到了北京理工大学。她到了北京之后一直给我写信，用她学校的信纸，描述着北京的样子。她说到了大学以后，文化生活非常丰富，要我一定好好努力，争取考到北京和她会师，继续一起玩摇滚。

我对北京最初的印象，都是从她的信里得来的，我甚至觉得自己可以从她的信里，闻到北京的气息，这让我非常向往。突然有一天，她的笔迹变成了铅字，我震惊了。她说现在北京开始流行打字，用电脑打完之后印出来就可以，比写字方便很多。我震惊是因为，以前我为了能让自己的文字变成铅字被杂志登出来，花了好几年的时间，现在人们分分钟都可以把自己的字变成铅字了，不知是该高兴还是难过。

后来我并没有考到北京，和钱环宇也逐渐失去了联系。拍了《屌丝男士》之后，有一天我突然接到一个电话，是钱环宇打来的，她非常兴奋，说没想到当初热爱文艺的学弟终于来到北京，还发展得很好。她从《精品购物指南》的一个记者那里拿到我的电话，她的发展也很好，现在是精品传媒发行中心主任。我们很快见了一面，见证乐队的两位成员，十几年后，终于在北京会师了。

回想起那场“告别的见证”演唱会，钱环宇说，那是她做过的最酷的事儿了。我说，有些事情就是这样，一旦决定要做了，就勇往直前大胆去做，如果错过了，可能也就没有机会再做了。我们都很庆幸当年遇到了对方，做了那样的决定，那些我们一起唱过的摇滚乐，教给我们爱与分享，那些歌曲是我们的翅膀，给我们向上的力量。

08 “吉林皇家建筑工程学院”

我经常在《大鹏嘚吧嘚》里开玩笑，说自己毕业于“吉林皇家建筑工程学院”。当然，“皇家”两个字是我硬加上去的，你也可以试试，满足虚荣还挺管用的。

2000年，我高考失败了。成绩一直不错的我竟然只考了414分，连本科线都没过。我爸妈接受不了这个事实，又不忍心责怪我，就跑出去喝闷酒。414分是通过电话语音查询到的分数，我并没有特别难过，而是气愤：就算发挥得再不好，也不至于这么差吧！于是我决定花10块钱去家楼下的网吧再查一次。果然，网上的成绩单上写的是474分，原来电话里的那个女的，1和7没说清楚。我第一次感受到了互联网的伟大。

尽管474分也远远低于我平时的测试水平，但好歹过了本科线。有了414分的打击在前，这也算是高分了。我从网吧开始狂奔，想要把这个消息告诉我爸妈。那一幕就好像是文艺电影的桥段，昏黄的路灯下，一个少年在拼命奔跑，周围的一切迅速从我身边掠过，我经常做梦回到那个时刻。我告诉我爸妈新的结果，喝得半醉的他们，直接换成喜酒的节奏继续喝。

最后我以高出录取分数线好几十分的成绩，进入吉林建筑工程学院管理系。学校是我妈帮我选的，她觉得自己的儿子虽然很喜欢文艺，但是专职从事这一行不太现实，所以早在文理分科的时候，我就已经选择了理科，我一直都很听妈妈的话。我们全家虽然对吉林建筑工程学院都不了解，但是这学校的名字很大气，应该不错。管理系是我自己选的，因为听上去比其他什么路桥系、环艺系、水电系、土木系尊贵得多，但事实上不是这样的。

为了忘记那次失败的高考，重新出发，我上大学之前把自己的名字给改了。我原来一直叫董大鹏，是我爷爷给起的，很亲切，但是我觉得太大众了。我很喜欢男孩儿的名字里有“文”或者“杰”这样的字眼，所以差点儿改名叫董文杰。后来想想，我身边的人叫我大鹏已经叫习惯了，还是不宜改太多，就改叫董成鹏。可惜我到了吉林建筑工程学院之后，周围的人还是愿意叫我大鹏，一直到现在。

那时候吉林建筑工程学院就在长春电影制片厂的正对面，红旗街二十七号。前段时间我回过一趟长春，学校和长影都已经不在了，这让我有些难过，因为校门口的烤鸡翅还是很好吃的。

新生入学那天，我爸送我到学校。这里的一切都很“亲切”，两栋教学楼，几间破宿舍，和我就读的集安一中差不多大，感觉根本就没换地方嘛。我和我爸还找了半个小时的象牙塔，这学校半小时都能逛两圈了，可是根本就没找到，我们也不好意思问其他人。不是说大学里面都有象牙塔的吗？后来才知道，象牙塔只是一个比喻的说法。

我最先认识的是我们寝室里的几个家伙。我们住八人寝室，但是门上的名单里只有七个人，后来实际住进来的只有六个人。我们按照年龄大小排序，我最小，所以是老六；没来的那个人我们管他叫老七。老七是一个虚拟的人物，一直陪我们读完大学四年，我们经常会在睡觉之前给老七编故事，猜测他的生活。

最开始的几天，我见过我们寝室好几个人半夜偷偷哭，是想家了。我就从来没哭过，因为我爸妈经常晚上不在家，都习惯了，倒是这种集体生活让我很兴奋。我经常做一个恶作剧，半夜随便拨通一个女生寝室的电话，模仿教官的声音，命令她们起床出去跑圈，然后我们在楼上一边看一边起哄。直到某天的下午，教官从新生里选了我和另外一位女生作为代表，主持迎新生晚会。我终于不再打恶作剧电话了，因为我对那位女生产生了好感。

选主持人时，教官对男生有两个要求，一是有主持经验，二是身高在一米七五以上，我都没有。我硬着头皮踮着脚就去应征了，最主要的原因是踢正步太累，能逃一会儿是一会儿。

我模仿教官的声音，声情并茂地朗读了一首诗，竟然顺利通过面试。主持人大鹏的处女秀，献给了“吉林皇家建筑工程学院2000年迎新生晚会”。我和那位女主持人表现得都很好，后来学校的广播站邀请我们加盟。我当时特别潇洒地答复站长：“让女主持人去你们那儿当主持吧，因为我正在追求她，如果我们成了男女朋友，会影响广播站工作。我不想当主持人，我是歌手。”

那时候我留着长发，穿着紧身裤，走到哪里都会感受到周围炙热的目光。那种瞩目让人有些尴尬，因为都是男的。建筑学校本身女生就很少，我们班五十多个同学只有四个女生，不管长成什么样，只要是女生，都很抢手。还好，我很快就把女主持人追到手，她成了我的女朋友。

我终于有了梦寐以求的展示自己音乐才华的平台。学校会时不时地举办一些演出，可是台下坐的都是大老爷们儿，我差点儿因此而退出歌坛。转机出现在大一下半学期，我和对面寝室的另外一位男生范海，组建了一支乐队，我是吉他手兼主唱，范海是键盘手兼其他。在确定全学校都找不到一个人会打架子鼓之后，我女朋友被我逼着去学了几个月打鼓。

乐队的名字叫“天空乐队”，因为我觉得自己是大鸟，需要在天空飞翔，而且长春的天空不像现在北京这样总是雾霾，很清澈透明，让人觉得很美好。

终于不用再给大老爷们儿们演出了。天空乐队成立以后，我们进入长春所谓的地下摇滚音乐圈，是为数不多的不唱脏话的小清新乐队，所以很容易被记住。我们开始频繁地在各个大学演出，也唱酒吧、商场开业和婚礼。我们唱歌不是为了钱，而是为了梦想。什么时候能从五十块钱唱一场变成一百块钱，就是那时候的梦想。

期间为了扩充队伍，我们也面试过其他一些乐手。我记得有人介绍过一个戴眼镜的小瘦子给我，是隔壁学校的，弹得一手好吉他，唱得也比我好，所以顺理成章地被我淘汰了。若干年后这个家伙参加了《中国好声音》，他的名字叫金志文。

我们的贝斯手也是后来找的，是我们学校的一位力学老师，传说中他是长春摇滚界最不羁的乐手，后来怎么就当上了人民教师呢？这里面一定有很多故事。我负责去说服他出山，他说：“你们这样唱下去有什么意义呢？我们毕竟是学建筑的啊！”我只说了一句话就把老师给击中了：“可是音乐不就是流动的建筑吗？”

后来我终于知道他为什么改行当老师了，因为他没有节奏感。一个贝斯手，没有节奏感，自己却浑然不觉，我很心疼他。所以天空乐队在力学老师加入的几个月之后，就解散了。我施展演技，说自己和女朋友吵架，她不想再打鼓了，力学老师才又一次遗憾地告别了摇滚圈。当然，我女朋友不想再打鼓了也是真事儿，因为我总会说她打得不够好，给了她很大的压力，已经影响到我们的感情。键盘手范海也去找别的人组乐队了，那支乐队叫“第九频道”，非常成功，后来还在北京发展过一段时间。

单飞后，我创办了吉林皇家建筑工程学院的吉他社，自己担任社长，面向全校招生，免费教人弹吉他唱歌。教材是自己编的，里面全都是我写的歌，呵呵。

有一件事儿我始终耿耿于怀。当时有一位学弟问我可不可以把我写的一首歌，叫《秋忆》，教给他远在山东读书的高中同学，因为那个同学正在参加他们学校的原创歌手大奖赛。我同意了，还特意为他录了磁带，示范正确的唱法。多年以后，我在《大鹏嘚吧嘚》里唱起自己的这首歌，第二天山东一所高校的同学们组着团来变着法地骂我抄袭，他们说《秋忆》是那所大学每个学吉他的新人必练的曲目，是那所大学的一位前辈很多年前写下的经典之作，是镇校之歌。这帮熊孩子怎么能这么对待镇校之歌的原作者呢？

也不知道我创办的吉他社团现在还在不在了，我很怀念那段时光，好几十个人大合唱《秋天是用来分手的季节》，真的很感人。因为文艺方面的特长，我当了两年学校管理系的文艺部部长，把文艺活动组织得风生水起。如果不是这么优秀，很可能我就当学生会主席了。落选学生会主席那天，我抱着女朋友哭了好久，一边哭一边说："官场太黑暗了！"

没能当上学生会主席，我非常难过，不过另一件事儿我倒是挺开心的。大二的时候，学校组织同学们实习，带我们到施工工地锻炼。那是一座还没有竣工的高楼，大家一层一层往上爬，越往上我越害怕，脚开始发软，手开始冒汗，到最后完全瘫了。那天我第一次知道，原来自己有很严重的恐高症，这辈子恐怕都没有办法再到工地上来了。

很好，我有恐高症，终于有一个光明正大的理由毕业以后不用搞建筑了。但是对于自己未来到底要做什么，我在大学的时候并没有像其他同学一样过早担忧。我看到很多同学大一大二时就迫不及待地出去实习，就开始为自己的就业发愁，都觉得他们是在浪费时间。

我把做自己喜欢的事儿，和自己喜欢的人在一起，当成大学的首要任务，总觉得这样才算是给青春的交代，未来的事情交给未来就好。当然，这一切都建立在学习成绩还不错的基础上，我大学时每次期末都可以拿到全系的二等或三等奖学金，有一次还拿了一等奖学金。我觉得应试其实挺简单的，应试就是应付，如果连应付都不会，还怎么认真呢？

但凡事也不只是认真就足够了。我的整个大学时光，都在认真做音乐，可在这个领域始终没什么成绩。我的一位同学，叫罗继岩，一心想要当笑星，在学校的晚会上连演了四年小品，结果他也没能实现自己的梦想。不过，他毕业以后顺利留校工作，现在是学校管理学院的团委书记。

2013年5月，吉林建筑工程学院正式更名为吉林建筑大学，我读书时候的老校区也搬家了。母校变得越来越大，越来越漂亮，越来越有影响力，我很开心。前段时间小罗书记找我回学校做活动，夸我是建工学院的骄傲，我说愧不敢当，之所以成功，是因为改了行啊。

这当然只是玩笑。建筑行业还是相当体面的，看我同学们现在的身材就知道他们过得有多好了。所以，希望我的学弟学妹们，都能够好好学习，成为优秀的建筑人。这样以后我买房子，就有关系可以打折了。

哦，对了，我在吉林皇家建筑工程学院最大的收获，就是那位迎新生晚会的女主持人。她曾经为了帮我组乐队去学架子鼓，挨了很多骂。作为回报，后来我把她娶了。

09 你们是骗子吗？

我经常自称“过气网络歌手”，不是没有根据的。大学时，我在寝室里对着电脑唱歌，在各大聊天室都很受欢迎。可能这主要是因为他们看不到我的脸吧。

当时我和唱《别说我的眼泪你无所谓》的东来东往，还有唱《丁香花》的唐磊等人齐名，经常在聊天室举办在线演唱会，在虚拟世界中收获了无数鲜花，回到现实里还是没有钱花。

大四的某一天，一直和我聊得很好的一个女网友突然对我说，她可以帮我实现我的音乐梦想，她有一个朋友是开唱片公司的，公司在哈尔滨。她给了我她朋友的电话，说是已经打好了招呼，让我去面试。

听到这个消息我非常激动，用最快的速度买了一张火车票，背着吉他从长春直奔哈尔滨。女网友的朋友是焦总，焦总个子很高，很清瘦，看不出多大年纪，很有文化的样子。他的唱片公司叫名人唱片，就在一栋大厦的二楼。我一进他的公司就傻眼了，公司的墙上挂了一张歌手纪如璟的签名海报。我是第一次看见明星的亲笔签名海报，那字迹让我有一种错觉，仿佛看见纪如璟本人把海报挂在了墙上。那张海报让我将这家公司和纪如璟产生了联系，我觉得他们特别有实力。

焦总给我介绍了名人唱片公司的概况，公司由他和音乐总监苑总两个人组成。那天苑总也在，看样子比我也大不了几岁，但是很成熟稳重。焦总说名人唱片公司的总部在哈尔滨，分部在北京，他们一直想要找一个歌手签约，把他带到北京去打造。

我现场给他们弹唱了几首自己写的歌，苑总拿了一个DV一直在录。他说当天晚上他就会坐飞机去北京，把我的歌给几位音乐人听，然后征求一下他们的意见，再决定要不要和我签约。

我在哈尔滨住了一晚，第二天焦总通知我再去一趟名人唱片。我一进门他就握住我的双手，激动地说："北京的音乐人都夸你的歌很棒，可以培养，所以我们决定和你签约，恭喜你成为职业歌手！"

我听到这个消息，高兴得差点儿没晕过去，瞥了一眼墙上的纪如璟，觉得自己的海报可能很快就要和她做邻居了。不过焦总随后又说："我们唱片公司，包装的是自费歌手，你如果想要签约的话，还需要交一定的制作费用。我们算了一下，你一张专辑的制作费是十五万块。你回去准备一下，我们过几天签约。"

"焦总您说什么？我刚才没听清。"大喜和大悲离得太近，也就一个逗号的距离，我一下子蒙了。焦总又重复了一遍那些话，我只听到十五万，十五万，十五万，十五万……当着他的面，我没好意思说家里没有那么多钱，我说回去想想办法，过几天咱们电话联系。

我一路上是怎么回的长春，完全不记得了，脑袋里只剩下十五万，十五万，十五万，十五万……我坐在寝室里给我妈打了一个长途电话，我妈听到十五万的时候沉默了一会儿，然后说："孩子啊，家里确实拿不出这些钱，你就别惦记和他们签约的事儿了。"我放下电话以后号啕大哭，不甘心就这么放弃了。

第二天我就坐火车回到了集安老家。我想了一个办法，觉得无论如何都要试一试。我自己订了一家饭店，先约了我奶奶，又约来我二叔和小叔全家，最后通知的我爸妈。我爸妈进来的时候很惊讶，因为所有人都在，而且我已经游说过一轮了，亲戚们都站在我的这一边。后来我爸妈凑了三万八千块钱给我，说并不是不支持我做歌手，但是更多的钱实在是拿不出来了，已经尽力了。

我当然知道这三万八对我们家意味着什么，我也绝对相信自己不会辜负他们的期望，可以唱出一番名堂。就像焦总说的那样，签约以后发了专辑，很快我就会接到很多演出，就可以赚钱了。

我从集安直接去了哈尔滨，很坦白地和焦总说，我只有三万八千块钱，但是十五万减去三万八千都可以是我欠公司的，我可以打欠条，以后慢慢还。我不顾一切地想要签约到名人唱片公司，我想当歌手。

焦总同意了，他让我回长春等着，过段时间会通知我去北京签约，同时进棚录我的第一首歌。我如释重负，并没有觉得欠了唱片公司和家里的钱是很大的压力，而是格外地轻松，回到学校走路都是一蹦一跳的。我告诉每一位同学，我终于可以签约做歌手了，我甚至都很少去聊天室里唱歌了，因为我觉得，自己和他们不一样了。

很快地，名人唱片就通知我去北京。他们选了我自己写的一首歌，叫《醉心》，帮我编好了曲准备录音。我终于踏上了自己向往已久的北京，走出北京火车站，首先看到两边又粗又壮的建筑，人走在下面显得特别渺小。我觉得那些建筑都是有脾气的，很害怕它们不高兴倒下来把我给吃了。我被北京站附近的一个大妈拉去了前门附近的一个小旅店，不太贵，五十块钱一晚。我安顿好以后，就按焦总给我的地址，去甘露园某栋楼里面找他们。

名人唱片的北京分部不像哈尔滨总部那样气派，没有挂纪如璟的海报，办公室里依然只有焦总和苑总。他们说在签约之前，要带我出去见见世面，办件大事儿。我们三个人一起去到一家叫荣信达的公司，拜访了当时陈坤的经纪人李小婉，焦总和我说陈坤当时要出一张唱片，名人唱片希望可以参与一下。我心里想焦总果然很有实力，除了纪如璟，还和陈坤有关系。

他们谈判的时候我就坐在旁边听，李小婉拒绝了名人唱片。她说话的样子很有魅力，有一些强势，但一点都不让人不舒服，你会很信任她讲的一切，觉得她说的都是对的。最后李小婉让焦总记下她的手机号码，说是没准儿以后有更合适的机会，双方可以合作。

我也不知道哪儿来的勇气，接下来做了这样一件疯狂的事儿。我在荣信达的会议室里硬生生背下了李小婉念给焦总的手机号码，晚上回到旅店的时候，我竟然拨了一通电话给她。一个大学生给中国这么有名的大经纪人拨了一通电话，我想和李小婉谈谈。

电话接通了，李小婉问："你是哪位呢？"我说："我是今天去您那里谈判的名人唱片公司的那个小孩儿。"她又问："你找我有什么事情呢？"我说："其实我是一个大学生，但是名人唱片公司想要签约我当歌手，明天就签合同了。请您告诉我，我应不应该和他们签？"

我很感激李小婉女士面对这样一个冒失的少年没有立即挂掉电话，她竟然很耐心地和我聊了几句，大概的意思是说，对于名人唱片公司，她不是很了解；对于我的能力，她也不了解；签不签约，还需要我自己想好了再决定，因为一纸合约签下去，就是未来好几年的事情。她说："其实娱乐行业并不是你看到的那样光鲜亮丽，如果你确定要走这条路，就一定要低下头慢点儿走，因为处处都是陷阱。"

我并没有从那通电话里得到明确的答案，但是却收获了很多。这件事估计李小婉本人都已经忘了，但是她说的那些话，一直深深地影响着我。我想要和名人唱片公司签约，要成为名人，成为像李小婉一样有魅力、可以影响到别人的人。到那时候，我就可以用她那样的方式说话了。

2003年11月20日，我正式签约名人唱片公司，成为一名职业歌手。我把三万八千块钱交给他们，在合同上签字画押。合同里写明，签约期限三年，如果我违约，需要赔偿五十万；合约期间我的收入和公司一九分成，我只拿一成；此外，我还欠着公司十一万两千块钱。

当时我最大的感受就是，原来自己这么值钱，如果违约还要赔五十万呢。交完钱，签完字，有一些紧张，当自己朝思暮想的职业歌手身份真的变成现实，我反倒对未来恐慌了。

当天下午，我们就进了录音棚，录我的第一首单曲。我只唱了两遍，苑总就说可以了，连我自己都能听出很多破绽，但是苑总说要相信他的专业水准，而且现在做唱片都是靠后期修声音。焦总也夸我唱得好，他让我回长春等他们电话，等歌曲做好了，再来北京拍宣传照，然后就打榜，就演出。

那是我最后一次见到焦总和苑总。

我回到长春，满心期待，盼望着赶紧再到北京拍宣传照，可是打过几次电话给焦总，他总是说单曲还没做好，让我再等等，我越等越心慌。后来有一次通电话，焦总说公司的财务出现了一些问题，苑总也辞职了，不过他会很快找到办法，随时叫我去北京。再后来，他的电话就打不通了。这期间我也给介绍我认识焦总的女网友留过言，她都没有回我。

2004年3月底，焦总的电话变成了空号。我坐火车去到哈尔滨，直奔名人唱片公司总部。墙上纪如璟的海报已经没了，名人唱片整个公司都不见了，保安说他们早就搬走了，还没有新公司入驻，这里一直空着。我感觉自己的心也空了。

我想到很多事情，马上就要大学毕业了，同学们都找到了各自的工作，我却把全部精力都放在做明星梦上，我任性地赔上了家里所有的钱，结果换来人去楼空。出了这个门，我怎么向父母交代？怎么向未来交代？

写到这一段的时候，我突然停住了，大概十几分钟吧，心里有些难过。我到现在都还记得当时的无助与绝望，我特别想穿越回到十年前，去摸摸那个愣在原地的少年的头，拍拍他的肩，哪怕只是陪着他一起，呆呆地站在那里，他也不会那样害怕。

十年过去了，我再也没有见过名人唱片公司的焦总和苑总。我经常会想，现在我参加过这么多电视节目，还拍了《屌丝男士》，他们应该会从屏幕里见到我了吧。他们看到我现在的样子，会是什么心情呢？我真的很想再见他们一面，想问个清楚：“你们是骗子吗？”

后来我爸妈知道了这件事情，并没有责怪我，这让我更加难过。其实跳出来再看，就会发现名人唱片的很多破绽，但是我那时候一门心思想做歌手，主动往陷阱里跳，我为自己的冲动付出了代价。不过我始终对名人唱片抱有一丝幻想，所以才决定必须到北京来找工作。最开始的几年里，我的手机号码一直没换，还是长春的号，生怕哪天错过了焦总给我打的电话。后来我也去过名人唱片公司在北京甘露园的分部，结果可想而知。

这件事情一度让我非常自卑，来北京以后，从来没和别人提起过。

后来通过和我合租房子的室友，我认识了一位在清华大学学法律的研究生。我第一次敞开心扉，给他讲了这个故事，给他看了我的合约，问他可不可以通过打官司来解约，要回那三万八。他很用心地回去研究了一段时间，最后得出的结论是，解约很容易，但是把钱要回来就难了，有可能还要再花很多钱；而且如果唱片公司真的倒闭了，就只能强制执行让他们赔偿，非常麻烦。

若干年后，韩庚来录我的节目，那时候他正和韩国的经纪公司打解约官司，有一个律师贴身陪着，那个律师竟然就是当年我咨询的那位清华大学的研究生，他说很感谢我，当年的咨询让他对处理合同纠纷产生了兴趣，他现在在一家律师事务所专门给人打这样的官司。这是我经历的那次重大挫折中，一个小小的彩蛋。

还有，我记得我妈在给我那三万八之前，专门带着我去当地很有名的“大仙”那里算了命。我妈问这笔钱给出去，儿子到底会不会成功？“大仙”说放心给吧，这笔钱会起到决定性的作用，你儿子这事儿一定能成。现在看起来，“大仙”的话应该算准吧，只是准得有点儿晚。虽然我可能是被骗了，但是没有这次经历，我也不会坚定了北漂的决心，许多事情被放在一个足够长的时间线上，意义完全不一样。现在的我，还要和他们说谢谢呢。

谢谢啊！

10 站在煤堆仰望星空

大四的下半学期，我周围很多同学都找到了工作。我因为学习成绩比较好，被长春的许多家知名建筑企业争抢，但是我都拒绝了。

那段时间，我正在等着名人唱片公司的召唤，随时找我去北京拍宣传照。我心里想，如果要找工作，就必须找北京的，否则唱片公司打电话给我，我没有办法第一时间赶到北京，违约金可是五十万呢。

我的这种情况让老师们都很着急，我们管理系有一位老师叫李成刚，一直非常照顾我，他说："你这么干等着也不是办法，咱们学校不是211工程里的，北京的工作单位不愿意接收。你不妨考虑去北京的周边城市。我有一个同学在塘沽开公司，正好招聘，你可以去试试。"

我通过李成刚老师的介绍，成为天津塘沽一家外贸公司的员工，这家外贸公司一共就只有三个人：王总，王总媳妇，还有我。

公司坐落在一个两室一厅的民宅里，我在那里上班，也在那里住。王总很有派，穿皮衣梳背头，膀大腰圆。他对我很好，教给我很多新的技能，比如如何为他洗车等。王总的媳妇是这家公司的财会，她说话很有趣，好像天津人说话都很有趣，一张嘴就是单口相声。她总是夸我聪明，学东西快。她说过几个月以后，就会升我当这家公司的副总裁。

我具体的工作是“测量水尺”，原理类似于“曹冲称象”。每一艘轮船自身都有刻度，我们通过测量轮船装货物之前和之后的刻度，用一个公式算出货物的重量。这种工作的意义主要是监督，看装上船的货物有没有损耗或者瞒报。那时候我们公司处理的大部分工作都是运煤或焦炭，我需要盯着把煤炭装上轮船的整个过程。你如果不明白我讲的这些，可以简单地把我的工作理解成：看煤的。

往船上装煤都是在晚上进行，我经常要在煤堆里站一宿。早晨回到公司，脸上都是煤灰，洗也洗不干净，因为已经渗入到皮肤的纹理中了。我也没办法继续唱歌了，在公司时不敢唱，在煤堆里一开口全是灰。站在煤堆仰望星空，这不是我要的生活。

王总知道我看煤无聊，教给我一个办法，听录音机解闷儿。天津的电台很有意思，经常会有听众点播相声，无论是送生日祝福还是庆祝什么节日，听的都是相声。有一次我听到一位DJ说：“某某某先生想要为某某某小姐点播一段相声，并对她说‘我会永远爱你’，接下来请听相声《逗你玩》。”

突然有一天，我从广播里听到这样一个消息，BEYOND乐队将会在天津的某酒吧举办演唱会，我高兴得在煤堆里蹦了起来。那天我请了假，从塘沽坐火车到了天津，买好票早早地守在酒吧门口。后来歌迷越聚越多，我很鸡贼地绕到后门守着，正好堵到叶世荣下车，原来那只是叶世荣的个人歌友会，我被广播给忽悠了。不过我一点儿也不失望，只要能见到他们任何一个都好。

看见叶世荣本人，我直接愣在原地，呼吸都停止了。由于正好挡在他的车前面，我被酒吧的保安粗暴地推倒了。一切好像电影里的慢动作，我一边下坠，一边喊出一个口号："BEYOND不死！世荣加油！"

那天晚上的场景我终生难忘。叶世荣唱了很多首BEYOND的老歌，我分别打电话给远在家乡的、曾经和我一起组建了及格乐队的鼓手、键盘手、贝斯手，让他们和我一起听，泪流满面。

看完叶世荣的演出，第二天继续看煤。没有星星的夜里，天上和地下都是一片漆黑。我突然想到，就算是脚下的煤，都有被装上轮船运走的时候，为什么我一定要待在这里，每天做重复的事情呢？我决定辞职。

王总很意外，问我为什么，我说我想唱歌，王总说："那你就唱一首，看看能不能征服我。"我还真就给他唱了一首，他说："不错，唱得挺好的。但是在北京，唱得和你一样好的人大概有好几万吧。你在这里干得这么好，等你毕业了，我就升你做我们公司的副总裁，起点比其他同学高多了，而且很稳定。到那时候我们再雇一个实习生，你就可以不用这么辛苦了。"

我确实在那儿干得不错，其实我做任何工作应该都会干得不错。我觉得尽力而为，是对大家信任你的基本尊重。不过尊重别人的同时，也要尊重自己。我和王总说我已经签约了唱片公司，可能随时都要被叫到北京去拍宣传照，我不想自己去的时候脸是脏的。

我在那家外贸公司待了二十几天，不到一个月，王总媳妇给了我一个月的工资，一千块钱。我坚决不要，但是他们让我一定要拿着。我去塘沽的洋货市场买了些纪念品，就坐火车回去了。在火车上，我准备给名人唱片公司的焦总拨一通电话，问问他拍宣传照的事情怎么样了，却发现那个号码已经是空号了。

就这样，我辞去了老师给我推荐的工作，也拒绝了本地工作单位的邀约，正视了自己可能是被骗了、做不成歌手了这个事实。我拎着一个小包，开始了北漂的生涯。

我想，既然梦想照不进现实，那就让现实照进梦想吧！

在难搞的日子
笑出声来

two

第2章

北京给我的，全都收下

01 北京给了我一个下马威

2004年4月17日，我开始北漂。

下了火车，我坐上地铁直奔东四十条。那儿附近有一个商场，Music Radio正在举办主持人海选。我来之前就在网上看到了这个信息。我对自己的声音一直比较自信，对长相就很没底，正好适合做电台主持人，所以决定试试。

我到了那个商场，当时就震惊了。海选的地方在顶楼，但是排队报名的人，已经排到了一楼的广场上，还在那里蜿蜒曲折了好几行。有几位工作人员在检查证件，来应聘的人必须带着英语四级证书和学历证明才可以排队。我和他们解释自己是从外地来的，没带证书，可不可以让我报名，工作人员坚决不同意。我连排进那个长队的资格都没有。

刚一开始，北京就给了我一个下马威。

我失望地离开东四十条，找了一个地方住下来，然后出门，去后海酒吧一条街。A计划“当电台主持人”失败了；我启动了B计划：做酒吧歌手。那是周六的下午，后海人头攒动，虽然在长春的时候我也唱过一些酒吧，但是后海的酒吧我却不太敢进。

我犹豫了半天，选了一家看上去门脸没那么夸张的酒吧进去，和老板表明来意。老板连听都没听我唱歌，只是看我的样子就拒绝了。我应该戴个长假发去就好了。

我陆续进了好几家酒吧，都是一样的结果。人家本来已经有自己的驻唱歌手，很难接纳新人。还有一个重要的原因，我是空着手去的，没有拎吉他，没什么说服力。我的吉他在来北京之前卖给了学弟，成为我北漂的启动资金。

A计划和B计划都失败了，没关系，我还有C计划。离开长春之前，我在招聘网站输入“北京”和“音乐”两个关键词，给所有搜索结果都投了简历。我找到一个网吧，查看了一下邮箱。果然，搜狐娱乐频道下属的音乐频道给我发了面试通知，时间是周日的下午。

我吸取经验教训，这一次做足了准备：我在网吧反复浏览搜狐音乐频道的页面，记下作为普通网友的上网感受，还写了一份长长的用户体验报告。我觉得形象也很重要，不能看上去很大学生的样子，于是斥资五十块在超市买了一条西裤，穿了一件POLO衫。我把POLO衫掖进裤子里，腋下夹了一个在东北特别流行的黑色小手包。我还带了一张CD去，上面都是我自己的歌。我来北京之前刻了好几张，觉得肯定有机会用得上，扇扇风什么的也是好的。

面试我的是搜狐音乐频道当时的副主编，叫黄洋，又黑又瘦，挺精神的。他那天穿得特别随意，我坐在他对面，看上去更像是我在面试他。我把自己准备好的资料都递给他，包括那张CD，主动说现在搜狐音乐频道的内容非常丰富，唯独缺少一些音乐评论，我正好可以写。黄洋点点头，说很好，回去等消息吧。

看起来他对我非常满意，临走时还送我上了电梯。电梯的门上都是镜子，我看到镜子里的自己，POLO衫掖进裤子里，腋下夹着黑色的小手包，很职业。我沉浸在面试成功的喜悦里，对着镜子里的自己一直笑，一直笑。突然，电梯的门开了，黄洋站在门口。他吓了一跳，问我："你怎么还没走？"

原来，我高兴得连电梯键都没按，它就一直停在那里，也不知道过了多久。

如果C计划失败，我还有D计划。我记了很多唱片公司的地址，决定挨家挨户登门拜访。只要是能在唱片公司工作，做什么我都愿意。可是C计划成功了，过了两天黄洋通知我，我被录用了。

北京就像是一个很会调情的大姑娘，打了我一个巴掌，又给了我一个甜枣，说不好她下一秒还会给我些什么，这正是她迷人的地方。

2004年4月21日，星期三，阳光明媚，我第一天到搜狐上班。

迎面就是一盆冷水。我发现黄洋的座位上，我写的报告和我的CD原封不动地躺在那里。我也很快就明白了这是为什么，因为黄洋要招聘的是一个临时职位，干完就算，谁来都行，没什么技术含量。

当时有一个乐队选拔赛，报名平台正是搜狐音乐频道。全国各地的乐队都把他们的参赛曲目录成CD或者磁带邮寄到这里，黄洋让我用一台电脑把那些歌曲转成数字格式的。这份工作操作起来很简单，但是工作量极大，有上百首歌曲需要转录，算是体力活儿。不过，我觉得再基础的活儿，也分人干，如果我做的事情没有人能够替代，那么我就可以留下来。

我熬夜加班，在一周之内就把所有的歌曲都转成了数字格式。让黄洋吃惊的是，我不仅完成了他交给我的任务，而且还听了每一首歌，将它们分为摇滚、流行、民谣等几种风格归类储存。就是这样一个细节，让我在临时工作结束以后，可以继续留在搜狐音乐频道，成为一名实习编辑，月薪八百块。

确定可以留下来之后，我在通州租了一个一居室的房子，每个月的租金是六百块，有一些奢侈。我觉得住得不好会影响心情，所以没去凑合住那些便宜的地下室什么的。可是那个房子也不见得能让人住得多好，它在一栋破旧小区楼房的四层，我一度怀疑自己家周围没有别人在住，因为无论我多早多晚回去，整栋楼都是黑的，没有窗户亮着灯，就连楼道里都没有灯。有一天大半夜，突然有人敲门，说是我家邻居，钥匙掉在地上了看不到，叫我开门给他照亮。我吓得半死，说："我不开我不开我不开！你自己摸吧！"

还好工作很充实，每天下了班回家就睡，醒了就爬起来上班，也不用待在那个黑楼里太长时间。这份工作来之不易，我格外珍惜。2004年6月，我回到学校论文答辩，一毕业就立刻回到北京，生怕走得久了搜狐不要我了。

黄洋是北京人，加上我一共有三个下属，都是北漂。他很照顾我们，有时候加班特别晚，还会送我们回家。当时我们几个音乐频道的编辑都住通州沿线，因为那边租房子最便宜。有一次一位同事过生日，黄洋带我们去后海划船，他带了一把吉他助兴，竟然还弹得不错，让我很惊讶。

我问黄洋："你为什么没听我的CD呢？"他说："别说你的CD了，我自己还有CD呢，谁听啊？想当年我也和你一样要当歌手，像我们这样的人，北京少说有几万。别想那么多了，踏踏实实工作吧。"

我听他的话，在搜狐踏踏实实工作，一直干到现在，都十年了，结果他自己后来倒是跳槽了。他离开搜狐的时候我特别难过，缓了好长时间，因为他是我来北京以后认识的第一个人，是招聘我进搜狐的人，是我的第一任领导。

哦，对了，有一天，黄洋突然对我说："我第一次见到你就很想提醒你，不要把POLO衫掖进裤子里，很土。最崩溃的是你腋下还夹着一个小黑包，你又不是要去公交车上售票，以后别再那样了。"

02 找到自己的存在感

我进入搜狐，成为一名网络编辑，每天的工作就是复制粘贴——复制报纸上的新闻，粘贴到我们的网页上。我每天都复制粘贴复制粘贴，很想复制一个自己，粘贴到座位上，让他帮我复制粘贴。

现在的网络编辑，编辑的每篇文章后面都会标注自己的名字。我不知道这和我有没有关系，但是在搜狐我是第一个这么做的。

有一次吃午饭，我试探性地和主编说，自己看报纸杂志，经常会看到文章的责任编辑是谁，慢慢地，那些名字就会被读者熟悉，和文章的品质挂钩，成为那份刊物的招牌。如果大家很有信心，认为互联网也算是一个媒体平台，那么互联网的编辑也应该在文章的末尾署上名字。

主编倒也不是反对，只是他觉得网络编辑署名没有意义，因为任意两个网络编辑发出来的文章都一模一样，标题和文字的样式都是默认的，硬要说两个人有什么区别的话，就是一个发得快，一个发得慢。

那天吃完饭后，我决定证明一下除了快和慢，每个人还是有独特的地方。我开始给一篇文章做精编，用自己的理解加了很多图片，还把文章里关键的几句话做了特别处理，变了字体，加了颜色。我把网页做得像杂志内页一样漂亮，发给主编，结果主编把我骂了一顿。

我把网页给整了容，虽然不难看，但已经不是搜狐的长相了，我的尝试以失败告终。又过了几天，我看到有一个报纸做了一个盘点专题，在搜狐的点击率很高。我突发奇想，为什么我们自己不主动生产一些这样的内容，何必只做搬运工呢？

为了证明这一点，我加了几天班，写了一篇名叫《毕业了，什么歌让你流下眼泪》的文章。那是2004年的6月，我自己也将马上毕业，正好有情怀。我觉得青春是铁打的营盘，而我们是流水的兵。到毕业的时候，女生总是流泪，男生总是喝醉，大家的经历都差不多，所以如果我写一些毕业的故事，应该会引起很多人的共鸣。

我在那篇文章里，推荐了十几首适合在毕业季听的歌，给每一首歌都写了一个大学生的故事，还附上歌曲的试听链接。我把文章发给主编的时候，他又批评了我一顿："你怎么不早点儿给我？"

后来这篇文章发表在搜狐音乐频道上，是我自己编辑发布的，点击率很高，被各大论坛转载，我第一次在网页上看到了自己的名字：大鹏。

我为什么这么在乎自己的名字出现在网页上呢？因为存在感。我觉得存在感很重要，即使没有成就感，也必须有存在感。成就感是高级目标，存在感是基本动力，我不能干了一堆活儿，到最后没有人知道我到底干了什么活儿。

那段时间，还发生了一件事情。2004年初，最火的歌手是刀郎，没有人知道他长什么样儿，但大街小巷里每一家音像店都在放他的歌。我写了一篇评论文章，发在搜狐论坛里，叫《从刀郎现象看平民审美的倒退》。

在这里我必须和刀郎道歉。十年前的我年轻气盛，在文章里写他的歌属于八十年代，不应该流行，他的走红是乐坛的悲哀。但是我现在不这么看了，现在的我相信规律，任何人目前的境遇，都是自己一点一滴积累的结果，他在那个位置上是有道理的。

我评论刀郎的文章，很快就被北京的一家报纸转载了，但是署名不是我，而是那家报纸的娱乐记者。后来，有媒体盘点了刀郎走红应该感谢的几个人，其中就有那位记者的名字，说她是全国第一个站出来批评刀郎音乐的媒体人。从那以后，关于刀郎该不该红引发了业界一系列的讨论，让刀郎更红了。

这件事儿让我很窝囊，不是生气，是窝囊。我觉得自己太渺小了，渺小到那位娱乐记者可以这么明目张胆地抄袭我的文章，直接就用，也不知道改改标点符号啥的。

主编劝我别难过：“虽然大家不知道那篇评论是你写的，但至少那位娱乐记者知道，她觉得你的文章写得好才抄袭的，你就当是一种认可吧。”

主编很鼓励我写评论，我开始在搜狐音乐频道的页面上陆续发表自己的文章，每一篇文章的最后，都署上自己的名字。有一段时间，我尝试用文章把一整天的新闻都串联起来，加上自己的观点，有点儿像《大鹏嘚吧嘚》的文字版，看的人越来越多。我用这样的方式，在网络编辑这份工作上，找到了存在感。

03　我是这样当上主持人的

我被问过次数最多的问题就是：“你是怎么当上主持人的？”接下来我慢慢告诉你。

那完全是因为一次拉肚子啊。

那时候每一家网站都有《明星聊天室》，明星们发表了作品，就会来这里和网友互动，做宣传。搜狐《明星聊天室》的主持人是黄洋，也就是招我进搜狐的人。

明星聊天室有一个玻璃门，每次来了明星，我们都挤在门外看，脸都挤变形了，从里面看我们一定更精彩吧。玻璃门里只有明星和黄洋，还有一个打字员。黄洋可以和明星肩并肩坐着，让所有人都非常羡慕。

谁不喜欢明星呢？我也有过追星的经历，我追的第一个明星是雪村。

那是在上大学的时候，我从报纸上得知雪村要到一家报社接听热线，就给他写了一封长长的信介绍自己，信里夹着我的歌，还有联系方式。我还为他买了一束鲜花，一直在报社楼底下等着。雪村在下车的时候，比其他人看上去都干净很多，那是一种明星的炫目光环，即便是他也有。奇怪，我为什么要用“即便是他”呢？

我把准备好的信递给雪村，嘱咐他一定要看。他上楼以后我第一时间拨通了那个读者热线，和雪村说，又是我，我是来提醒他看信的。那天打热线的人可能不算多，后来我还拨通过三次。晚上雪村的助理给我打了一个电话，他说雪村老师听了我写的歌，挺好的，但是他觉得不太适合他唱，还有，别再拨回来了。

雪村可能是误会我了，我不是想让他唱我的歌。他是我见到的第一个明星，那是我第一次和明星合影。

但是，黄洋天天都能和明星合影，因为他是《明星聊天室》的主持人。其实那个工作非常轻松，就是坐在那里念网友们的问题，然后明星回答，打字员帮他们在聊天室里打出来。我经常幻想自己可以像黄洋一样，和明星们坐在一起。突然有一天机会来了。

中午吃饭的时候，主编有些严肃，他说下午花儿乐队要来聊天室，但是黄洋拉肚子了，没有主持人。“黄洋拉肚子啦？”我问主编，主编说：“对啊，他拉肚子请假了。哎？你怎么这么开心啊？”

我赶紧控制了一下表情，解释说，我开心是因为花儿乐队，我很喜欢他们的歌，而且自己以前组乐队也唱过他们的歌，对他们挺了解的。主编听出了我的意思，说：“那好啊，你替黄洋主持一下吧。”

2004年7月30日，下午三点，我终于坐在了明星的旁边，那是一次无比惨痛的经历。我错了，这份工作一点儿都不轻松。真的坐在明星们旁边，会很紧张，说话都抖，而且有时候网友们的问题都问完了，就必须自己找话题硬聊下去，特别尴尬。偏偏那天遇上的是花儿乐队，大张伟和成员们都太能说了，太聪明了，我接不上他们的话，觉得自己很笨。那一个小时的明星访谈，特别漫长，好像有一整天那么长。

从那以后，我就患上了“大张伟恐惧综合征”，我从心底里是喜欢他佩服他的，我很欣赏他的娱乐精神，但可能跟我第一次的主持经历有关吧，我每一次见到大张伟，都会变得很笨，这个病到现在也没治好。

趴在玻璃门外看我和花儿乐队的人乐得不行，主编后来说：“你那个囧样儿还挺好笑的，以后就你和黄洋轮流主持吧，大家肯定愿意看。”岂有此理！看见我出丑反而会有人开心吗？后来才知道，几乎所有的喜剧，大家会笑，都是因为看到里面的人比自己更惨。

黄洋也没什么意见，他主持《明星聊天室》已经很多年了，我上大三的时候参与过一场BEYOND乐队在搜狐的聊天，就是他主持的，有我加入进来分担，对于他来说是解脱。刚一开始，大明星归他，小明星归我，后来，我主持的场次逐渐增多。再后来，当突然有一天聊天室开始有视频的时候，他就不主持了，因为他觉得自己长得太黑了。其实，谁在乎他长得黑不黑呢？那时候镜头从来都不拍主持人。

就这样，我一边做着网络编辑，一边成为搜狐固定的《明星聊天室》主持人。这都是从黄洋拉肚子开始的。

从有视频那天算起，我是中国互联网的第一批主持人，亲身见证也推动了这个行业的发展。现在很多大牌主持人都愿意降落到网上做节目，但在很长一段时间里，我对于网络主持人这个职业羞于启齿。过年回家，亲戚们问起来，我都是说自己在搜狐做网络编辑，因为最一开始我和别人说我是网络主持人的时候，有些人会误解我是情色聊天室里组织表演的那种人，还有的人会问："网络上怎么还需要主持人呢？网络主持人是做什么的呢？"我解释起来挺麻烦的，就干脆一直说自己是网络编辑。

2013年3月，《新周刊》发布了首届中国视频榜，颁了一个"最佳网络主持人"奖给我，那是权威媒体第一次将荣誉授予互联网。我领奖的时候激动地说："这么多年了，走出这个房间，我终于可以很骄傲地说我是一名网络主持人了。"

04 请你尊重我

“羽泉成立十五周年”的演唱会，邀请我主持。我登台以后先是放了一段音频，介绍说这应该是羽泉写得最快、听众最少的一首歌。听到那首歌，羽泉哥儿俩都傻了。他们唱的分明是：“听歌听羽泉，上网上搜狐……”

我说：“以上的声音来自2005年4月18日，那一天羽泉来上我的视频节目，我临时写了一段歌词，用来考验羽泉的即兴创作能力。他们竟然没有拒绝我，于是就有了这首歌。

“这首歌对我的帮助太大了。那个时候，为了能够和其他网站的视频节目不一样，我经常会设计一些类似的互动，但大部分都被明星拒绝了，甚至有一次，一位歌手在听说我希望他可以为网友唱一首歌时，很生气地停止了直播。

“我也怀疑过自己这样做到底合不合适，就好像那位愤然离席的歌手说的：‘我来你这里唱什么歌？’但是我并没有停止尝试，我想做不一样的网络节目。羽泉是最开始愿意配合我互动的明星，让我的坚持变得有意义，坚定了我继续下去的决心。

“经过这么多年，我一直在网络平台上守着这份坚持。因为这首歌的鼓励，我才有机会站在羽泉十五周年的演唱会上，和大家分享这段经历。感谢羽泉，给我力量。”

我说完这些话，台下掌声雷动，羽泉哥儿俩跑过来和我拥抱，勒得我都喘不上气了。其实那天台下坐着好几个当年拒绝我的人。

我不怪他们拒绝我，因为当时互联网的节目还不能称之为一个“节目”，不具备表演环境，从业人员不专业，硬件设备也很差，一切看起来都挺儿戏的。换成现在的我，没准儿也会拒绝。

互联网节目的一开始，就是《明星聊天室》的视频版，只管把镜头推在明星脸上拍，拍他怎么回答网友的问题。每个网站都是一样的。

我说的“一样”，是指明星是一样的，明星穿的衣服是一样的，明星回答的问题也是一样的，因为问问题的网友都是一样的，就是他们的粉丝。唯一不一样的就是旁边的主持人，但是镜头从来不拍主持人，我们都是画外音。

我做画外音做了一段时间以后，觉得这样有些不思进取，有差异才有竞争力，我们为什么要做和别人一模一样的节目呢？于是我开始得寸进尺。

负责《明星聊天室》摄像的同事，叫陈小敏。没错，就是常年在《大鹏嘚吧嘚》里被我调侃的陈小敏。他很娇小，一脸青春痘，戴着眼镜，有些腼腆。私底下我们俩关系不错，他喜欢做饭，我喜欢吃。那时候明星聊天室里只有一个机位，他总是在明星坐下来以后调整好机位推到人家脸上，然后就出去了。有一天我突然跟他说："你能不能别一上来就推到人家明星脸上，你先拍一下我，我跟网友们说完开场白你再摇过去镜头给明星？"

陈小敏同意了，反正也不费什么劲儿。过了一段时间我又想往前蹭一小步，和他说："你能不能别总对着明星拍，当我问问题的时候，你也拍拍我？"

我说，我们和其他网站唯一不同的就是主持人，应该多拍拍我，网友才有新鲜感；而且其他网站都是固定镜头，我们有了推拉摇移之后，网友就不会那么视觉疲劳；这一点点的改变，就是进步。

还好陈小敏愿意和我"同流合污"，我只需要不断夸他做饭做得好吃就可以了。

我还和主编提出来，要给节目取一个名字，不能每家网站都叫一样的《明星聊天室》。主编给取的名字叫《明星在线》，这档节目搜狐视频现在还有，名字旧得都舍不得改。

给明星设计互动环节也是从那时候开始的。改变了拍摄方式，改变了节目名字，我开始尝试改变内容。我想，既然网友们问的问题都差不多，不妨自己列出一些问题，或者出一些互动题目，让节目更有可看性。

于是就有了某位歌手非常生气地在直播中离席的那一幕，陈小敏当时吓坏了，赶紧捂住镜头，停止拍摄。按照现在的逻辑，就应该继续拍，拍完了给他放到网上去，视频肯定火了。不过要是现在的话，这事儿也不可能发生。现在的网络节目，都有很高规格的演播室、很专业的主持人、很惊人的点击率，明星们也都更加尊重网络节目了。

是的，就是尊重。那天那位歌手离开后，我很难过，还有些害怕，觉得自己闯了祸，就躲在明星聊天室里一直不敢出去。他丢下一句“我来你这里唱什么歌”，像一把利剑，戳中了我，我胸口很疼，不停地捶。

冷静下来以后，我开始反思：他没有尊重我们的节目，可是我们自己尊重自己了吗？我们自称这叫节目，但是哪有一点儿节目的样子呢？随随便便就把一个小时的明星聊天视频堆到网上，没有任何删减，连明星坐下来开始补妆的样子都播出去，没有片头，没有片尾。我们自己都不重视这件事情，让明星怎么重视呢？

我和陈小敏开始一起学习剪辑软件，把一个小时的素材做一些剪辑再放到网上。他还做了一个很丑的片头，虽然丑，但我们都非常开心，因为这个节目，看上去越来越像一个节目了。

就这样，我们每天往前蹭一小步，为了“请你尊重我”这个目标，很努力地往前蹭着。我觉得不够优秀没有关系，但是一定要足够努力。只要方向是对的，哪怕每次只是向前了一小步，也迟早会到达那个目的地。

后来有一个机会，我在一档电视节目里，唱了当年那位歌手拒绝为我演唱的那首歌，我没有告诉导演为什么要选择那首歌来唱。上台之前我很感慨，心里想着，这么多年了，我终于有机会弥补这一首歌的遗憾，而且是自己唱给全国的观众听。

05 我要捧红我自己

2013年10月，我第一次登上了杂志的封面，那本杂志叫《博客天下》，封面文章叫《中国卓别林时代》。我和他们的记者说，他们这样写，分明是在黑我。记者说没有啊，还说我和卓别林一样，都是在经济萧条的背景下用喜剧给人们解压。我说我和卓别林之间不仅还差着一百个周立波，而且自己做喜剧也不是为了给谁解压。我没有那么崇高，我做的所有事情，都仅仅是为了我自己。

这样讲不是自私，而是负责。我是在一件事情之后更加深刻地意识到这一点的。

搜狐的《明星在线》是互联网上第一档像节目的节目，很快其他网站就发现了我们的改变，他们也开始改变，大家在追逐中共同进步。慢慢地，随着互联网技术的提升，上网看视频变得更加流畅，看的人多了，视频节目自然就受到了重视。各大网站开始更新设备、装修演播室、引进人才。

2005年6月，搜狐请来了当时在北京文艺台做娱乐节目的一位女导演李溪，全面负责《明星在线》。李溪到搜狐做的第一件事就是和主编说："换掉大鹏。"

李溪做出这个决定是合理的，她看了一场我主持的明星访谈，对我非常失望。首先是外型，她说我的样子根本就不符合播出标准，穿得也很乡土，就不应该和明星出现在同一个画面里；其次是主持水平，如果那也算得上是在主持的话。我不仅东北口音非常严重，平翘舌不分，而且连说一句流畅的话都费劲，更别谈问问题的方法和技巧了。她的原话是："像你这个水平，在广播学院食堂卖盒饭都不够资格。"

说到外型，我想起来，自己的电脑里有一个文件夹，装的全都是我跟明星们的合影。有一次整理的时候发现，我竟然穿了同样一件衣服和四五十位明星拍过照，可见那时候多邋遢，连衣服都不换。李溪说的是对的。

为了换掉我，她也确实做了很多尝试，后来发现，电视台的主持人不愿意主持这样的网络节目；花大价钱挖人，我们又给不起；广播学院应届的毕业生也不愿意来，他们希望可以去电视台，或者广播电台；内部选拔就更不现实了，我已经算是搜狐内部很有主持经验的人了。

没有办法，李溪只好一边继续找人，一边继续用我。我每天都在随时会被换掉的诡异气氛中，忐忑地主持着。为了不被换掉，我开始想一些办法。

第一个办法就是增加这个节目的观众黏性。那个时候，网络节目的观众每天都不一样，因为明星都不一样，收看的人主要是各家的粉丝。

怎样让刘德华的粉丝也能看一眼杨臣刚的访谈呢？我设计了一个环节：明星接力问答。

我会在每一次访问结束之前，让明星回答一个问题，这个问题是上一期的明星问的；回答完之后，还要留一个问题问下一期的明星。比如，林依轮问："你最近一次哭是因为什么？"下一期的明星正好是梁静茹，她就回答了这个问题，还讲了她为什么哭的故事，然后梁静茹问了一个问题："你最害怕的事情是什么？"回答这个问题的是周杰伦，周杰伦答完又问："你看过最震惊的魔术是什么？"

这个办法很奏效，周杰伦的粉丝不仅看完了他的节目，而且还很关注下一个回答的人是谁，他是怎么答的。有一些人持续追着这个环节看，节目的黏性也就增加了。

第二个办法就是发挥自己的长处，我虽然外型和主持功力都很差，但是我也有自己的优点，就是唱歌。有一次喻恩泰和我说，他最感慨的就是那时候做网络直播，他上我的节目迟到了半小时，结果到了现场发现，我自己弹着吉他给网友们唱了半小时的歌，我说我还怪他迟到的时间不够长呢。

我很享受那段时光，用自己的歌声填补直播的空白，这样也能保证想看节目的网友准时打开页面后，视频里有东西可以看，让他们留下来，或者被我唱跑。

第三个办法就是和网友积极互动。我在搜狐论坛注册了一个"明星在线论坛”，自己当“斑竹”，经常组织一些线上活动。

我会洗一些照片让来节目的明星签名，当作奖品放到论坛上送给网友们。只要他们认真看了节目，答对了问题，就有机会获得签名照片。我自己给大家邮寄奖品，还会写一封亲笔信加在里面，感谢他们的支持。慢慢地，这个论坛里注册的人越来越多，大家发帖都很踊跃。

通过这些方法，尽管可能不是为了看我，但是《明星在线》节目终于有了一批相对固定的观众。

这一切李溪都看在眼里，她夸我干得不错，为《明星在线》带来了更高的点击率。其实我倒也没想那么多，只是为了自己不被换掉而已。

突然有一天，她和我说：“我决定不换人了，就是你了，我相信你会做得很好。”

我特别感激李溪，她是我主持生涯里的第一个老师，教会了我很多具体的方法，比如讲话的逻辑、提问的技巧。后来她还找了一位化妆师，每次录节目前，帮我弄弄头发什么的。那段时间我的进步很快。

但是最关键的是，李溪让我意识到了“我”的重要性。“我”决定了自己险些被换掉，也决定了自己最后能留下来，所以我必须让“我”更强大，这是对自己的负责，也是对节目的负责，对她的负责。

李溪说不换我的那天，我和陈小敏一起下了一顿馆子，我们俩喝了一瓶啤酒就已经醉得不行了，要不是醉了我也不会和陈小敏说那句话：

“我要捧红我自己！以后谁也别想换掉我！”

06 他们的职业是明星

有件事儿我一直不好意思说，2005年的时候，我竟然不自量力地写了一本书想要出版。书的名字叫《狐鹏够友》，意思是搜狐的大鹏很够朋友。其实哪里够朋友啊，我是想借明星的光把自己捧红而已。那本书的内容是我和五十位明星的对话集，后来因为没有办法收集齐五十个人的形象授权，就没出成。

那时候我的工作比较杂：邀请明星，写采访提纲，布置演播室，主持节目，整理聊天实录，剪辑视频，发到网上并推广，维护论坛……这些都是我一个人做。不过我干得挺起劲儿的，因为可以见到好多明星。我每天都要见两三组明星，一年下来就是好几百人。

怎么说呢，现实中的所有明星都比你印象中的要小一圈，因为上镜都会显胖。所以，如果想要在镜头里是标准身材，现实中就一定要瘦，这也就是为什么明星们一直在减肥。

有一次陈好来录节目，我在电梯门口等她。电梯门开了，她的工作人员和我说："我们来了。"我竟然还在问："那陈好来没来？"特别尴尬。就是因为她在现实中太瘦了，瘦得我第一眼都没认出来；又或者是那天她换了化妆师，哈哈。

好吧，我铺垫这么多，其实只是想澄清一下，现实生活中我不胖。

说起见过的明星，我干过一件特别“猥琐”的事儿，就是尾随我喜欢的BEYOND成员黄贯中去上厕所，但是我并没有偷窥，因为看不到。后来我发现，所有的男明星上厕所，尿尿都不用小便池，他们怕别人看到，通常都会去带马桶的隔断里。

我还干过一件挺可笑的事儿，就是追着王雅捷要联系方式。王雅捷就是《马大帅》里演玉芬的女演员，我特别喜欢她，不希望节目结束以后就见不到她了，但是又不敢直接要电话号码，怎么办呢？

那天我一路尾随人家，从搜狐楼上送到楼下，始终不敢开口，也不知道怎么开口，一直到她坐进车里车子开动，我想再不说就没机会了，就追着车一边跑一边喊：“能要你一个QQ号吗？”

后来她的工作人员给了我一个他们公司的邮箱。我不仅给王雅捷写过信，还给她写过歌。她有一首单曲叫《时光的颜色》，就是我写的。我给很多明星都写过歌，不要钱，只要他们能唱就行。他们都是我在《明星在线》拉来的客户，每次发现明星想要出歌，我就会渗透地提到自己会写歌。

王雅捷想给我钱，我没要，她就送了一罐蛋白粉。我舍不得喝，一直供着，一直到蛋白粉过期了都舍不得喝。

我唯一要过电话号码的明星是姚晨。《武林外传》刚火的时候，姚晨来上我的节目。她是我见过的最不像明星的明星，没有工作人员陪着，就自己一个人坐着地铁来了。访谈结束后，搜狐有好几位同事都过来和她合影，姚晨挽着人家的胳膊，把头靠在他们的肩膀上拍照。我当时就觉得这姑娘太豪爽了、太善良了，有一种不和她交朋友就亏了的感觉。你想，我都敢和她要电话号码，可见她有多么亲和，换了别人我哪敢开口啊？

林志玲也很亲和，那是一种有距离感的亲和。我第一次见林志玲是在她的酒店房间里。我过去采访，坐在她身边听她讲话，整个人都酥了。如果她的声音换到别人脸上，我肯定听不下去，但是配合着她的样子，再合适不过。

林志玲对我很好，每一个问题都配合，还主动提出来要和我拍照，又拿了自己房间里的点心给我吃。我幼小的心灵泛起涟漪，她是不是喜欢上我了？别笑，真真的。她是那种遇上哪家媒体就能够拿下哪家媒体的人，因为她对所有的人都太好，所以你舍不得写她的任何不好，就会有一种在职责范围之内想要保护她的冲动。别笑，真真的。

林志玲还在我的衣服上签了名。她的签名是所有明星签名里最工整的，清清楚楚的三个字，“林志玲”，很好认。其他大部分明星签名，就只有自己和老中医看得懂。怪也怪她的签名太好认，我走出她的酒店，碰到一群狂热的粉丝，立刻认出我胸前写着“林志玲”三个字。我觉得自己马上就要被他们扒光了，就脱了衣服，赤裸着上身，在马路上狂奔。

我还有一次和明星轧马路的经历，是和郑智化一起。我们做完节目的那天晚上，他邀请我出去散步，他那时候想成立一个手机软件公司，问我有没有兴趣加入。我说我回去想想吧，一直想到今天。

郑智化和我想象当中完全不一样，他说话很幽默，积极乐观，而且特别有商业头脑，已经开了很多家公司。那天他来搜狐做节目，我们还救了一位网友的命。

直播过程中，我看到一位网友留言，说自己的情况很糟糕，很想自杀，我赶紧把留言念给郑智化。郑智化说："这位朋友，我不知道你遇到了什么困难，但是请你记住，人的一生很短暂，活着的时间不多，死后的时间比较长，所以先别着急死，先赶紧活吧。"

节目结束以后，我接到了那位网友的电话，他是打搜狐客服转到我的工位上的。他在电话里一直哭一直哭，我就和他聊天，讲我自己被唱片公司骗了的经历。我说："你多幸运啊，郑智化都劝你了，咱们为了他那句话也得好好的啊。"我们聊了一个多小时，后来那位网友说，他想明白了，会勇敢活下去。我赶紧把这个消息又告诉了郑智化的工作人员，后来工作人员约我说："化哥晚上想和你见个面聊聊。"才有了郑智化和我一起轧马路，想挖我去他公司的故事。

郑智化说歌手只是他若干角色里其中的一个，每一个角色有每一个角色的任务和性格。我觉得自己就一直在扮演一个叫"主持人大鹏"的角色，平时挺没劲的，说话也不多，但是为了做节目，我开始有意培养另外一种节目里的性格，一种属于“主持人大鹏”的性格。

我所谓的“主持风格”，也是从2005年我密集地采访各种明星开始形成的。我发现网友们更喜欢看轻松的内容，所以也争取让自己和明星的对话更有意思，有时候故意为了搞笑而搞笑，开了很多不合适的玩笑。

有一次嘉宾是许巍，我问了他一个问题：“你的那首《蓝莲花》是某一天在逛易初莲花超市的时候写的吗？”

这纯粹是为了开玩笑而问的问题，没有一点儿营养，但是我觉得可以让气氛变得更加轻松。结果，许巍生气了。他说：“我很认真地在写歌，你为什么要这么说我的歌？”

空气都凝固了。

现在每次见到许巍，我都会提这件事儿。这么多年过去了，它真的变成了一个玩笑。那时候我不懂事，总拿小聪明当幽默，现在想想很惭愧。

我为了自己“主持人大鹏”的角色开着不合适的玩笑，明星们也为了“明星”这个角色付出了很多。我亲眼见过一位明星，只能喝透明瓶子装的透明的水，因为他代言了某款饮料，所以不能在任何场合喝任何其他品牌的饮料；我还见过一位明星，上节目前妆都哭花了，可能是遇到了什么事情，看得出她非常难过，但是一上镜立刻变成很职业的笑，我挺心疼的；有一位明星来搜狐，他们公司给他配了八个保镖，搞得我自己都觉得自己是恐怖分子一样，非常不好意思，但是我看得出他的表情比我还不自在；还有一次我远远听见一位明星的经纪人大喊："别拍了！别拍了！我们赶时间！"明星在经纪人的搀扶下一路前行，身边其实根本就没有任何人在围着，经纪人是想引起大家的注意，制造气势。我当时想，这位明星的心理素质得多好啊。

有一次章子怡在她的家里要登录论坛和网友互动，我被公司派过去"技术支持"。她妈妈特别热情地招待我吃水果，还从冰箱里拿冰棍给我，我惊讶地说："啊？原来章子怡家也吃大山楂冰棍啊？"

是啊，明星都是普通人，不普通的只是"明星"这个职业而已。

我见过太多的明星了，我眼睁睁地看着他们辉煌，黯淡，划过，陨落。我想成为其中光亮持久的一颗。很多人问我："你为什么就那么想红呢？"我说，因为明星是一种职业，想红，是一种敬业。

07 直播整个地球

陈小敏最早是搜狐的摄像师，后来开始剪辑视频，再后来他发明了一种独特的视频直播技术，使搜狐的视频直播在激烈的竞争下，笑傲整个网络江湖。

那时候陈小敏的QQ签名是：“给我一根网线，我就能直播整个地球。”我总是调侃他太浮夸，直播整个地球仪还差不多。互联网的直播，只允许在有网络的条件下完成，但是陈小敏在没有网络的地方也能直播，他到底是怎么做到的呢？这一直是江湖上的一个谜。

在揭晓谜底之前，我要插播一个关于互联网直播的故事。

2004年12月，主编给我布置了一个任务，要我陪搜狐的高层领导出一趟差，任务很简单，只是陪着她就好。这叫什么工作嘛？陪女领导出差？

主编和我解释说：“其实是我的错。前几天我因为工作上的事情，和负责技术的同事吵了起来，还掀了人家的桌子，正好被这位高层领导看见，她很生气。我的暴脾气连累了整个娱乐频道，最近我们申报的用人名额没有批下来。我听说她要去三亚和世界小姐组委会谈一些事情，正好和娱乐也有关系，就想安排你陪她一起去，给她留个好印象，别让她觉得我们娱乐频道的人脾气都不好。”

我问主编，为什么是我？主编说：“因为你长得很善良。”

难道长相也可以用善良来形容吗？我就这样稀里糊涂地迎来了加入搜狐后的第一个出差机会；那也是我第一次坐飞机，我在飞机上吃了三盒盒饭，觉得好吃极了；那也是我第一次住超过五十块钱一宿的宾馆，还是单间。我住进去以后，拉开窗帘看着三亚的美景，那一刻觉得自己已经到达了人生的顶峰。

我不辱使命，把领导照顾得很好，吃饭的时候给她夹菜，走路的时候给她打伞，无聊的时候陪她聊天。她问我是什么时候来的搜狐，我说我还没有入职，因为没有名额，就这么一直先干着。这是真话，我直到2005年4月1日才正式入职搜狐，之前一直都“黑”着。

领导说，那看起来得批几个名额给娱乐频道了。

似乎主编交给我的任务完成得还不错，但是我觉得只是这样陪着领导解闷，不多干点儿什么，有些太对不起飞机上吃的三盒盒饭了。于是我竟然在没有任何人指派的情况下，在领导和世界小姐组委会主席谈判的时候，悄悄潜入了世界小姐集训的场地。我承认是去看姑娘的，但也不是白看，看完以后我写了一篇稿子，爆料了姑娘们集训时的状态。

我把领导和我的对话告诉主编，还把自己写的稿子也发给了他。主编很意外，这完全是其他网站没有的独家新闻，他对我说：“你不用回来了，就在三亚待着吧，每天写几篇世界小姐的花边新闻，网友肯定愿意看！”

后来我在三亚待了半个月。领导回北京之前帮我争取到随队报道的权利，我每天和全世界各地的美女们在一起，陪她们训练，陪她们彩排，陪她们参加活动，换各种各样的角度写她们。据说有的姑娘的家人和男朋友也都到了三亚，但是见面的机会不多，我比她们的男朋友都幸福。

为了丰富报道内容，我还给几位世界小姐开了专栏，让她们从自己的视角和网友分享每天的生活，类似日记的感觉。不过都是我代笔的，实在不好意思。

接近决赛的时候，主编派了一个摄影师过来和我一起工作。那是最后的战役，已经和姑娘们培养出感情的我，想要用一次完美的报道，结束这次美丽的任务。我大胆地提出一个假设：我们做一场直播呢？

直播？网站做直播？那场决赛已经有旅游卫视直播，一个网站为什么要做直播呢？

我和主编说，电视里播出的是台前，我们可以去后台，直播女孩儿们准备的过程。当然了，我们只有图片和文字。从严格意义上讲，这根本不叫直播，只是一篇一篇的新闻，但是只要我们发布的速度够快，内容够多，网友们一直有东西看，就会变成一个“图文直播流”。

那场收官战打得很漂亮。摄影师不停地在后台拍照片，我选好图片后配上一句话解说，用电脑传给北京的编辑部，编辑们依次发布，我们用这样的方式做了一次“直播”。

我和姑娘们告别，依依不舍地从三亚回到北京，明显感觉到自己在频道里更受重视了。我除了长得善良，还证明了自己的工作能力，而且创造了一种新的报道形式——那是互联网最早期的直播。

讲完这个图文直播的故事，该讲讲陈小敏发明的独特的、谜一样的视频直播技术了，他是怎么做到在没有网络的情况下也可以直播的呢？很简单，在没有网络的地方，陈小敏先把内容拍好，然后跑到有网络的地方直播。虽然会有一段时间的延迟，但是观众并不知道。

说白了就是忽悠，很多我们看上去很玄妙的东西，都是在忽悠。

我为什么会知道陈小敏的秘密呢？因为我是和他一起忽悠观众的人。那时候，但凡有视频直播，我都是出镜记者。陈小敏一边拍，我一边讲解，然后我们俩一起往有网的地方跑。我们这么做，不是想骗人，而是想用这种报道形式，让网友有身临其境的现场感。为了这种现场感，我们还有一次被踩踏的经历。

那是在《满城尽带黄金甲》首映礼的红地毯现场。它是我见过的最混乱的一次红地毯，有上千名观众围在周围，情绪高涨。当周杰伦出现的时候，所有人都疯狂了，冲破了警戒线，我和陈小敏当时就挤在红地毯边上直播。

镜头捕捉到的情况是这样的，我拿着麦克风说：“各位网友，我们正在为您直播红地毯的盛况，刚刚走过去的明星是蔡康永，接下来要迎来的是周杰伦，我们看到周杰伦今天穿着……啊！”紧接着画面剧烈抖动，我和陈小敏被疯狂的观众撞倒，我感觉有千军万马从自己的身上踏过，现场一片混乱。我护着他，他护着摄像机，我们一直没停机，因为停了就不像是直播了。我们俩从地上爬起来，他继续拍，我踉跄着进入画面，头发乱了，眼镜也掉了，手也磨破了，还在继续说：“好的，各位网友，我们继续为大家直播这场盛况……”

就这样，我和陈小敏相依为命，直播了——确切地说是假直播了——很多娱乐事件，包括各种发布会、颁奖礼、演出、比赛，甚至葬礼。

当然，这都是很久以前的事情了。现在的互联网直播，都是真直播，搜狐甚至连自己的卫星车都有了，“直播整个地球”变成了现实。但是在我眼里，陈小敏依旧是传说。我相信，无论技术发展多么迅速，人永远走在最前面。面对技术瓶颈，只要你愿意，总会想出办法。

写到这里，我突然想起一句很俗气的话：“生活没有彩排，每一天都是现场直播。”我多么希望它是一场假直播，允许一些延迟，这样我们每个人就不需要活得这么匆忙了。

08　西藏的三件往事

我做过的最酷的网络直播，是在西藏的雪山上，在海拔4700米的启孜峰大本营。

2005年7月，搜狐CEO张朝阳做了一件前无古人、后也很难有来者的事情：他组织了一些企业家和明星去登雪山。他给那支登山队取名叫"搜狗美女野兽登山队"，成员包括王石、孙冕、王秋杨、王勇峰、孙楠、李冰冰、高圆圆、谢娜、郑钧、胡歌、曾宝仪、胡静、姜培琳、陈紫函、李艾、世界小姐玛丽娅、中国小姐杨金等。

这么多名人，加上他们的工作人员，再加上全国各地的报道团队，当时整个登山队有将近一百人。我就是其中的一员，是搜狐的主持人，做视频报道，同时也采写新闻。

所有参与那次登山的人都经历了很多事情，收获了很多感悟。对我而言，有三件事情终生难忘。

第一件事情是登山队到了拉萨以后，在当地举办了一场盛大的群星慈善演唱会。

我是第一次去西藏，以前都只在文艺作品里看到过，那时候的印象是遥远的、神秘的。等下了飞机以后，我惊讶地发现西藏竟然是亲近的、熟悉的。我可以看到很远的地方，感觉自己的近视眼都痊愈了，一切都那么清澈，有那么多颜色。空气里有烧着香的味道，是我最爱闻的那种味道，闻着闻着我就醉了，高原反应接踵而来。

我甚至在酒店的电梯里，捡到一位明星，她因为高原反应晕倒在电梯里。我的感觉就是头痛欲裂，眩晕，还不停地呕吐，跟喝多了一样。

休息了一天，明星们在拉萨举办了一场慈善演唱会。演出可以用“悲壮”二字形容，台前欢歌笑语，台后躺了一地。郑钧唱完《回到拉萨》就晕倒了，他写《回到拉萨》的时候还没来过拉萨，没想到一回到拉萨，拉萨就不想让他回去了。他养了几天，后来因为身体原因不得不放弃登山。大部分明星都是一边吸着氧一边完成了表演，大家被观众们感染，尽管身体不适，但都格外卖力。

我为什么说这件事儿让我终生难忘呢？因为作为搜狐主持人的我，并没有能够主持那场搜狐举办的晚会，主持人是谢娜和北京交通广播的杨洋。我有些失落。

其实我不应该失落，那是一次盛大的演出，不是我平时在搜狐里主持的明星访谈或者直播，而且登山队里已经有谢娜和杨洋这样优秀的主持人了，本来就应该这样安排。我不应该失落，每个人都有每个人的位置，每个位置上的人，也都是每个位置的选择。

2005年7月19日晚，拉萨，群星慈善演唱会正在上演。谢娜和杨洋在台上妙语连珠，我就站在台侧看着他们，眼里装满了崇拜、羡慕、期待。从台侧到他们站的地方，大概也就几米远，我不知道自己要用多久的时间才可以走过这几米，和他们站在一起。他们离我这么近，他们又离我那么远。

那天晚上回到酒店，我写了一首歌，歌名叫《我要站上那舞台》，现在想想挺幼稚的。我许下心愿，一定要更加努力，争取有一天只要是搜狐的活动，就一定是我来主持。现在这个愿望已经实现了。

第二件让我终生难忘的事儿，是我曾经在雪山上加班加到凌晨四点。

“搜狗美女野兽登山队”要攀登的是海拔6206米的启孜峰，向顶峰发起冲击之前，先要在大本营过渡。启孜峰的大本营位于半山腰，海拔4700米。登山队结束了慈善演唱会，第二天就进驻了大本营。

听说现在启孜峰大本营的住宿条件很好，已经盖了宿舍，但是那时候，我们还都住在帐篷里，每个人有一个睡袋。我们赶上了几场雨，雨渗入到帐篷里，渗入到睡袋里，渗入到肌肤里，渗入到记忆里。

队员们每天都在大本营学习一些登山知识，进行技术训练，互相聊聊八卦，玩玩杀人游戏什么的。我们这些随队的报道人员也不闲着，搜狐在大本营支了一个卫星锅，有一个帐篷里可以上网。我白天做视频节目，晚上写稿。

有一次录节目，拄我和胡歌两人。我们爬上一个小山坡，结果摄像大哥没拿带子，又跑回去拿，我和胡歌就并肩坐在那个小山坡上等，聊各自的心事，说了很多心里话。

我们还在雪山上做过一些明星访谈的直播，收看的网友非常多，因为可以看到美得让人窒息的景色，还有已经窒息了的明星——好多明星说着说着就跑去吸氧了。

在高原工作挺辛苦的，对身体和心理都是考验。因为参与登山的明星太多了，我每天都要写很多稿子，终于在某一天加班到凌晨四点的时候，我崩溃了。

我崩溃了，之前已经有别人崩溃了。我的几位同事，纷纷病倒或者体力不支，他们都撤回了拉萨。其实我也挺难受的，但总觉得自己没有资格难受，就憋了一口气，一直忍着，忍到那天凌晨四点，突然泄气了，体力和承受力都到了极限。

我跑出帐篷，一路狂奔，跑到远离大本营的地方，号啕大哭。

那时候，我们每个人脑袋上都缠着手电筒，为了可以照亮眼前的路。但是不管我怎么照，眼前的路都是黑的，我就干脆把手电筒关了，结果奇迹发生了。我突然觉得整个世界都亮了，那是头上的星空，还有地上的白雪。

我突然就不哭了，呆呆地站在那里，觉得全世界就只剩下星空、白雪和自己，不由得张开双臂，也不知道是想要抱住什么，就是很想做出那个动作，感觉很舒服。四周非常安静，静得我好像听见了灵魂流淌的声音，如梦似幻。我开始有力量，有勇气。

可能我是缺氧整个人都迷糊了吧，但我真的认为自己接受了某种洗礼。

那次的登山报道，我完成得很好，一直坚持到最后，他们都说我是铁人。我还记得另外也有几个铁人，其中一个是央视《综艺快报》的出镜记者。那个小男生很活跃，经常爬上爬下的，拍了不少东西。我很欣赏他，有时候还会和他较劲，找不同的视角去报道同样的内容，比比谁拍得更好。从西藏回到北京没多久，我就听说他去了凤凰卫视，成为真正的电视主播，他就是尉迟琳嘉。

第三件让我终生难忘的事儿，是我竟然在雪山上拍过裸照。

西藏是一个神奇的地方，什么样的事情都有可能发生。突然有一天下午，我们在闲聊的时候，一位随队的摄影师和我说："要不你把衣服脱了，我给你拍一组裸照吧。"

如果是在别的地方，有一位男性摄影师和我这么说话，估计就打起来了。但是在高海拔的雪山上，人的思维方式和平时不太一样，我觉得他的提议棒极了！马上就要下山了，在西藏留下一组天人合一的裸照，多酷啊！

那是在登山的最后几天，队员们已经从大本营向顶峰发起了冲顶。冲顶时候的拍摄任务，就交给专业的高山摄像师了。因为太危险，我们就没去，大本营只剩下最后一批还在坚持的工作人员。

提出要为我拍裸照的摄影师叫程宫，是一个扎小辫儿的小胖子，他自己没有办法裸，就让我裸了。程宫是搜狐很资深的摄影师，虽然胖，但灵活，各种大型活动都有他的身影，经常能够把别人挤下去，自己抢到很好的拍摄位置。

程宫的摄影技术也很好，而且非常专业。他坚持说拍照就要有拍照的样子，一定要打光，所以他又从营地里叫了很多帮手，各自拿着相机闪光灯什么的就来了，大概十几个人。我有了一种上当受骗的感觉。

但是已经来不及拒绝了，我就硬着头皮脱了衣服。这个过程也是有技巧的，他们和我说不用脱光，裸着上身就好，结果拍了几张他们说：“你下面穿着裤子，从镜头上看太厚重了。这样吧，给你一个登山包，挡住重要的部位，你再拿一个拐杖拄着，有一种一无所有但还是要前行的状态。”拍着拍着，他们又说：“既然已经脱了这么多，就不妨试试看都脱了。我们不拍正面，拍背面就好。”拍着拍着，他们又说：“背面都拍了，也就不差正面了。你敢不敢突破一下自己？”

我忽忽悠悠地就全裸了。

大家拍得很开心，我也没有不开心。那天有乌云，云很低，感觉一伸手就摸到了。照片拍出来，真的是天地人合一，大家都很满意。

在我的监督下，所有拍了我裸照的人，都把照片拷到了我的电脑里，然后在相机上删除掉。他们向我保证，绝对不会私藏照片，绝对不会和别人分享。但其实连我自己都在想，如果以后实在是怎么都红不起来，干脆把这组照片放出去得了。

拷完照片以后，程宫他们还和我一起选了照片，选着选着身后突然传来熟悉的声音："没想到大鹏的身材还不错嘛。"我回头一看，站着一位女明星。原来她在登顶途中因为身体不适被迫返回了大本营。说那句话的时候，她的脸上还挂着眼泪。看到我们，她又笑了，一边哭一边笑，挺可爱的。

演唱会上不去台、熬夜熬到崩溃、拍了一组裸照，这就是在西藏让我终生难忘的三件事情。

后来，"搜狗美女野兽登山队"几经波折，终于将队旗插在了启孜峰的峰顶。参与那次登山的人们，因为共同的经历，结下了战斗情谊，现在每次再见到彼此，感觉都很特别。

很多人喜欢登山，觉得那是征服。有了西藏的经历，我觉得那应该叫亲近，而不是征服。我们征服不了任何一座大山，无论怎么翻越，山还是在那里。所以我们应该张开怀抱，去亲近，去感受。在不同的高度，有不同的风景，就好像我们的人生一样。

09 终于露了一手

接下来，给大家讲讲我第一次上电视的事儿。

2006年3月，张朝阳继登山之后，又想出一个推广搜狗品牌的活动：他要选一条狗为搜狗代言，年薪十万。月薪三千的我负责主持那场活动。要了亲命了，我怕狗。

我左腿上有一道疤，是让狗挠的。很小的时候我做过一件非常愚蠢的事情：和狗赛跑，只为了赢一块糖。结果狗赢了，还把我给挠了。

从那以后我就开始怕狗，怕大狗，更怕小狗，因为挠我的就是小狗，怕到连热狗都不敢吃……好吧，刚才这句是玩笑，我有笑星包袱。

我本来可以推掉那场主持，找各种各样的理由呗，争取来一个机会不容易，推掉还不容易吗？但是当我听说这场活动会在电视上播的时候，一咬牙一跺脚，抱着宁可再被挠一次也要上电视的决心，就答应了。

那时候我已经在搜狐主持了很长时间的《明星在线》和各种直播了，但是我爸我妈不会上网，他们看不到，总说：“你要是什么时候能在电视上主持就好了。”这一次机会来了。

活动的前一天晚上，我在家里翻遍了所有能穿的衣服，想找出一件可以上电视的，但是找不到。我把第一次上电视看得很重，必须闪亮登场才行，就去了一趟西单，想要买一套。

我一共带了八百块钱，到了才发现，这点儿钱根本买不了一套，只能买一件。我在一家店里看中了一件白色的西装，穿上以后挺帅的，老板说那件西服要两千多，打完折一千多，我说我只带了八百块钱，老板说那也行。我当时就后悔了，怎么没说只带了两百呢？

我确实很喜欢那件衣服，但是舍不得买，就走了。出门逛了一圈逛不到合适的，又回去了。我想自己马上就可以上电视了，我爸我妈都看着呢，八百就八百吧，豁出去了！

那件白色的西装，是那时候我买过的最贵的衣服，买完就开始借钱活了。不过我穿上真的是帅啊！第二天，我神采奕奕地去到了活动现场。

我感觉那天全北京的狗都去了，各种各样的品种，到处弥漫着狗味儿，我都要疯了。选狗的比赛分好几轮进行，从白天办到晚上。而我那天上厕所的次数特别多，都是被吓的。到了晚上还有一个红地毯仪式，很多明星都带着自己的狗狗来参加。姚晨是一个大好人，搜狐一邀请，她就来了，但是她那时候还没有养狗，就临时送给她一只。这样也可以？

姚晨给狗狗取名叫“喜庆”，她抱着喜庆一起走了红地毯。我在现场当主持人，采访她的时候，听到旁边热情的观众感慨：“我真羡慕那条狗，能和姚晨待在一块儿。”怎么感觉哪里怪怪的？

在“狗委会”的监督下，十万年薪的代言狗最终诞生，活动顺利结束。我问清楚了电视播出时间，给我妈打了个电话，告诉她大概几周以后电视要播。那天晚上，我妈还很骄傲地通知了很多亲戚朋友，我也守在电视前，准备见证这一历史性的时刻。

节目播出以后，我妈打电话问我：“儿子，我怎么只看见了狗，没看见你啊？”

那次节目，确实播出了选狗的比赛，但是我的镜头都被剪掉了，原来他们只播那些狗狗的才艺展示。我就跟没参与过那次活动一样，白被吓尿了。

这就是我第一次“上电视”的事儿，但是没“上”去。我觉得挺对不住我爸我妈的，一直想找个机会弥补。

还是张朝阳，还是关于搜狗。他又想出一个活动：效仿2005年大火的《超级女声》，他要在2006的夏天选出《搜狗女生》。

当年的《搜狗女生》，也在全国各地举办了海选。我作为海选主持人，连续一个多月都在武汉、上海、广州、成都这些分唱区出差。后来全国五十强聚到北京，比赛进入到电视播出阶段。

你别看上面这一段轻描淡写，三行字就讲完了，但是漫长的出差期对我来讲非常痛苦。每天都住酒店，每天都在路上，每天都搞活动，每天都看姑娘，哪个也不是我的。一个多月的漂泊，让我身心疲惫，支撑我的是终于可以上电视的机会。我要站到那个框框里，让我爸我妈看到我。

《搜狗女生》是和东南卫视合作的，所以会在东南卫视播出。回北京后，我听到了一个好消息和一个坏消息。先说坏消息吧，东南卫视坚持要自己台里的主持人主持《搜狗女生》的比赛，所以我就没办法上台了；好消息是，为了弥补我的遗憾，我依然可以在台侧主持第二现场，也就是说哪位选手被淘汰了，我可以采访她的感受，这部分一样也会出现在电视里。

我已经很满足了，只要能出现在电视里。录制的那天，我还是穿着选狗时候买的那件白色西装，真的很帅。我采访了每一位被淘汰的选手，她们每一个人都是我从各个地方看着她们走到这里的，所以我的问题很有针对性，我觉得自己发挥得很好。

我给我妈打了个电话，我和她说："这次你肯定能看见我了，我要给你露一手！"又过了几周，电视终于又要播了，那天晚上我妈同样又通知了很多亲戚朋友，我也同样守在电视前，准备见证这一历史性的时刻。

如果历史性的时刻那么容易被见证，就不是历史性的时刻了。节目播出后，我妈打电话和我说："儿子，我可能是看见你了，你果然露了一只手。”

我真的只露了一只手，一只拿着麦克风的手。原来，摄像大哥根本就没拍过我，全程都特写在选手们的脸上，她们说的话也被剪得只剩下一句。画面里的姑娘流着眼泪，对旁边的一只小胖手举着的麦克风说：“我不会放弃我的音乐梦想！”

这件事儿都给我气乐了。

有再一再二还能有再三再四吗？有！我都不忍心说了，怕你听哭了。但是这没什么好心疼的，电视就是这样，剪剪剪，做电视的人上辈子才是裁缝呢。后来有一段时间，搜狐把《明星在线》输送给电视台，我以为自己作为主持人的节目上了电视，那我也能够出现了吧？结果他们把访谈剪成了专题片，只留下了明星们的镜头，加上一些配音解说……

经过太多次类似的晃点，现在的我有一个毛病：做任何事情，不到最后一刻我都不认为自己完成了。就好像我拍戏，拍完了以后很少庆祝，总担心过程中会再有变化，除非播完了才会松一口气。

电视那个框框，对于我来说，曾经是高高在上、遥不可及的。为了能够挤进那个框框，让我爸我妈看到我，我做了很多的努力。那几次失败的经历，虽然观众们不知道，但是我自己知道——我知道我穿着那件白色西装很帅气，我知道我克服了怕狗的恐惧发挥得非常好，我知道迟早有一天，我一定会挤进去。我是最胖的！啊……不对，是最棒的！

10 嘚吧嘚《大鹏嘚吧嘚》

我经常看到很多人的名片，上面挂着太多的标签，都不知道哪一个是重点。我要是印名片的话，其实标签也够写满正反面的，我是说字写大一点儿的话，哈哈。但是，如果只留一个头衔在上面，我希望是“《大鹏嘚吧嘚》主持人”。

《大鹏嘚吧嘚》这个节目，对我太重要了，它是我行走江湖安身立命的大本营。我在这里修炼，成长，然后出去闯荡，碰得满脑袋包还可以回来疗伤。但是，最早创办这个节目，却是被逼无奈的选择。

很多人把2006年称为“互联网视频元年”，我不太喜欢这个说法，合着我之前干那两年都白干了呗？但是2006年的互联网视频，的确有很多变化：许多家专业的视频网站相继成立，竞争变得更加激烈。搜狐也有自己的改变：2006年10月，搜狐从电视台聘请了专业的主持人，我面临下岗。我之前那两年确实白干了。

那段日子比较难熬，我身边的很多战友都纷纷倒下。打仗就是这样，能耐大就活着，能耐小要么就被撂倒，要么就装死。新主持人逐渐接管了我之前主持的《明星在线》。我就像冲锋的兵，已经伤痕累累，目标就在眼前，却突然接到撤退的命令。

我接到一个新的任务，负责培训新加入搜狐的网络编辑们。有一次给大家讲课“怎么起网络标题”的时候，讲着讲着突然把自己给讲醒了：我发现一个网页点击率的高低，和里面的内容质量完全没有关系，只和标题有关系，大家上网看到感兴趣的标题，就会点进去，所以无论做什么样的内容，只要标题够吸引人，就一定有点击率。视频节目也应该是这样的。

想到这里我非常兴奋，我觉得自己可以做一档节目，就盘点一天之内发生的娱乐大事件，配上耸人听闻的标题，一定有很多人愿意点进来看。而且这个节目也不需要什么投入，我自己找选题，自己写稿子，自己主持，自己剪辑，自己发布上线，自己做推广……反正我都是一个半闲着的人了，废物利用也是很好的。

我把这个想法告诉了领导，还写了一份很详细的节目台本。领导看完以后觉得可以试试，就组织同事们开会讨论这个节目的名字应该叫什么。

大家七嘴八舌。我自己的想法是叫《大鹏网事》，因为说的都是网上的事情，但是他们觉得太文艺了。有一位同事提议，当时论坛和博客都很流行，不妨就说BBS和Blog上面的事情，就叫《大鹏B事》吧，这位女同事自己说完以后都脸红了。突然有一位同事说，北京话里管一个人不停地说叫“嘚吧嘚”，就叫《大鹏嘚吧嘚》吧，挺特别的，一下就能让人记住。

我们有一个小黑板，想到什么就写什么上去。当时我不知道“嘚吧嘚”怎么写，就用拼音的首字母在小黑板上写下“大鹏D B D”。有人刚好上完厕所回来，瞥了一眼说，这个节目的名字挺好的，“大鹏大笨蛋”。大家笑得不行不行的了。

我不太喜欢这个名字，大鹏嘚吧嘚，用我老家集安方言说出来，不好听。我们那儿的方言和大连话差不多，有一股很浓的海蛎子味儿，但是其他人都很喜欢。于是在所有人投票赞同、我一票反对的情况下，这个节目取名叫《大鹏嘚吧嘚》。

事实证明他们是对的，后来很多明星一听到这个名字就乐得不行，印象很深刻。但是这个名字也经常会被人叫错，比如《大鹏得吧得》、《大鹏叨逼叨》、《大鹏嘚儿不嘚儿》。有一次在上海参加一个活动，一位观众很兴奋地问我：“你就是那个《大鹏唧吧唧》的主持人吧？”他说得很大声，我非常尴尬。

2007年1月22日，第一期《大鹏嘚吧嘚》播出。从那以后，生活对于我来说，就是一期《嘚吧嘚》接着另一期《嘚吧嘚》，周而复始，从没停过。慢慢地，节目组从最开始我一个人单枪匹马，变成了两个人、三个人、四个人、五个人。我只是“大鹏”，他们才是“嘚吧嘚”，我们加在一起，这个节目越来越完整、丰富、进步。

早期的《大鹏嘚吧嘚》更像是娱乐播报。那时候没有微博和微信，不像现在这样，任何事情当下发生就人尽皆知，所以很多观众看我的节目是为了获取娱乐资讯。到后来我嘚吧的事情在播出前大家都已经知道了，他们更关心的是这件事情我怎么嘚吧。我逐渐加入一些观点在节目里，就成了现在的脱口秀。

我把自己唱歌的优势也用在节目上，经常改编一些歌曲，讽刺一些事情，这种形式在互联网上独一无二，很受欢迎。其实每次歪唱那些歌曲，我都挺别扭的，我真的很想认认真真唱首歌给你听。

我还坑了很多人给我跑龙套，第一个就是我在搜狐的最佳拍档陈小敏。最先坑的总是自己人嘛，更何况他先天长了一张不受欺负就算亏的脸，我不能让他亏了。我一直夸陈小敏很有表演天赋，其实是在骗他，因为别人不愿意给我跑龙套。但是也许他当真了，现在他已经跳槽到爱奇艺，成为一名真正的娱乐主播，有了一个很华丽的转身，不过转的方向不太对，哈哈哈哈。

《大鹏嘚吧嘚》刚开播的时候，为了吸引眼球，我放了挺多狠话。后来有一次，我的大学老师打电话给我，说他听到当地广播里的主持人引用了我在节目里说的话。他很骄傲，我却很惶恐，因为发现节目的影响力越来越大，我要为自己说的每一句话的导向负责。

还有就是，随着我经历的越来越多，越来越成熟，对于很多事情的看法已经不同于以前，所以再回头看我当时的做法，会很羞愧。关于杨丞琳，我就有一个心结。她曾经因为在台湾的综艺节目上口误，被网友们骂得体无完肤，我顺应潮流把她请到《大鹏嘚吧嘚》，希望她对着镜头道歉，但是杨丞琳因为太紧张了，NG了好几次。我竟然把NG镜头放出来，在节目里说："看，她连道歉都这么不诚恳。"

我不能否认自己的过去，但是搁到现在，我肯定不会那样做。如果说批判需要勇气，那么包容更是如此。这是我的变化，也是《大鹏嘚吧嘚》的变化。

不知不觉，《大鹏嘚吧嘚》这个节目已经七年多了，我自己都没有想到会坚持这么久。当年这个节目是互联网的一枝独秀，现在类似的节目已经遍地开花。我们不再孤独，并继续手持长剑，骄傲地拼杀，用自己的方式，向前一点点，一点点，一点点。

在难搞的日子
笑出声来

three

第3章

一步一步靠近我想要的生活

01 从员工到艺人

我到北京以后，有一个习惯。只要是经历了什么大事，就在一个文档上记下来。记到2007年8月28日那天的时候，我在文档上打了一条长长的分割线。那是我和搜狐签署演艺经纪合约的日子，我从搜狐的员工变成了艺人。

那是我第二次签“卖身契”，第一次在2003年，被骗了，签完约交完钱整个公司都搬空了。但是我觉得搜狐要整个搬空的话，怎么的也要个两三天，我应该会发现，哈哈，只是缓解一下气氛，其实我想说的是，从员工到艺人，那是我做过的最艰难的选择。

2006年6月，搜狐娱乐公司成立，签约了第一批艺人——《搜狗女生》的优秀选手们。我是签约仪式的主持人，还在场上开玩笑说：“为什么我在搜狐做了这么久的主持人，公司都不包装我呢？”一年以后，我的玩笑得到了回应，公司决定要和我签约。

有一个成语叫“叶公好龙”，说是叶公真正见到了龙，吓得不行，董公也一样。我没有勇气去面对那个未知的未来，签约就是“我拿青春赌明天”，不签就是“你用真情换此生”，怎么选？

有一个比较现实的问题，我就直说吧，就是收入问题。那时候如果选择成为艺人，就需要先从公司员工变成自由人，然后再签约——说白了就是要离职。我手里有一部分搜狐的股票期权，熬到2009年就可以行权了，会赚十几万吧，不知道，也许几十万，但是一旦离职，就要损失很多，我妈因为这个不太同意我签艺人约。

但这不是我考虑的重点，股票期权相当于奖励，本身就不是自己“赚”回来的。我觉得作为艺人，几年之内赚个十几万的应该没什么问题吧？我错了，我后面几年的经历验证了一个道理：不红的艺人真的不赚钱，哈哈。

我考虑的重点是发展：作为搜狐员工的我，有看得见的未来，我应该慢慢会升职，成为主编、经理、总监；如果选择成为艺人，就失去了职场的上升通道，好像火车突然变了另外一条轨道，又或者游戏突然变了规则，以前和自己的同事们赛跑，现在要和明星们跑。

有一件事儿使我最终做出了选择。

2007年8月8日，北京奥运会倒计时一周年，有一百名歌星在天安门广场合唱了一首《We Are Ready》，我就是其中之一。你没看错，百名歌星之一哦，现在想想还是有点儿小激动呢。

当时还在犹豫签不签，公司就先给了我一次“艺人初体验”。演出前几天，我被叫去录音和拍MV。到了现场先填了一张表格，在“代表作”一栏我硬着头皮写下《秋天是用来分手的季节》，然后被领到一个房间，唱“啦啦啦”的部分，“啦啦啦”了一遍就被领到另一个房间拍MV。我和其他几位歌手站在一起，在最边上，镜头摇过来摇过去拍了几遍，后来MV里确实有我——的半张脸——多亏脸大。

我们还被送去一个很大很大的排练厅练舞蹈，练了两天。好在人够多，看不出来我跳得不好。我其实挺努力的，但还是不好，而且我在所有人里，不仅舞姿最不协调，穿得也最不合群，太普通了，像哪位大腕儿的替身。可是也没道理啊，都有替身了的大腕儿怎么会站在第八排呢？

我只好安慰自己：“没关系，你是员工，他们都是艺人，而且你已经是百分之一了，第八排也是百分之一啊。”

演出当天，我们穿上了统一的服装，我终于显得不那么另类了。尽管后来电视直播没有拍到我的脸，但是我很骄傲参与了那次演出。我在天安门广场上，在第八排卖力地又唱又跳，看着身边也同样卖力唱跳的明星们，突然，我觉得周围的一切慢慢地静止了，耳边的声音越来越小。

我想起小时候自己给自己录的磁带，想起在沈阳睡马路弹琴卖唱，想起见证乐队、及格乐队、天空乐队，想起在报社的楼下捧着花等雪村，想起名人唱片公司墙上的纪如璟，想起在半夜看煤堆，还想起西藏的群星演唱会。这一路的轨迹，本来不就是要自己通往这里，和他们站在一起吗？

我做出了选择，确切地说，是不同时期的“我”替我做出了选择。我决定正视自己和他们的差距，不再拿员工当借口，替那些“我”们，拼出一个未来。

2007年8月28日，我正式签约成为搜狐旗下的艺人。从那天起，我的生活就发生了翻天覆地的变化……了吗？并没有，作为艺人的我，只要不是外出工作，依然早上九点出现在公司，做那些熟悉的事情，还经常加班，因为不上班我会没有归属感，空空的。到最后连搜狐的人力资源部都感动了，他们为我修订了签约条款。2011年7月27日，搜狐恢复了我的员工身份，我终于又有加班费了。

现在，我是娱乐圈很特别的艺人，主持完节目或者拍完戏，就换上运动服回公司开会，找选题，写稿子；我也是IT界很特别的员工，上完班，就涂脂抹粉，出去站台，或者坐，哈哈。我喜欢这样的状态，既不是在和自己的同事们赛跑，也不是和明星们跑。

我只是自己在跑。

02 我竟然演了话剧

我表演的起点很高，竟然是从话剧舞台开始的，那是2007年8月的事儿。

为什么要用“竟然”这个词儿呢？因为我觉得自己不配，我什么戏都没演过，一上来就整话剧，实在太离谱了。不过导演劝我要相信自己，他说：“你不是最差的，其他人也没演过。”

这位大胆的导演叫李伯男，他的那部戏叫《我要成名》，讲述四个在娱乐圈里打拼的年轻人的故事。他突发奇想，找来了四个演艺界新人，有“红楼梦选秀”宝玉组的第二名张迪，“猫人魅力主持秀”的第一名谢楠、“搜狗女生”的第二名于莎莎和“吉林皇家建筑工程学院卡拉OK大奖赛”的第八名，我。

我们各自的加入，应该都是导演用同样的方式说服的，反正都不是最差的。可是去了才知道，我就是啊。

我真的不太会演戏，排练的时候老是不好意思，浑身不自在，自己演不好还总连累别人。我和于莎莎演情侣，她一深情看我，我就害羞，只能做些怪表情来掩饰，害得她老是笑场。

我们四个人里，最会演戏的是张迪。他本身就是学表演的，经常和我们讲斯坦尼斯拉夫斯基，他说演员最重要的就是解放天性。他自己上学的时候老师还叫他们演过猫演过狗，就是为了解放天性。我问他那狗怎么演啊？他就演了一段，后来知道上当了，追着打我。

张迪一讲表演，我就打岔。我讲的鬼故事，女孩儿们更爱听，但是听完了不敢回家。我送谢楠回过几次家，她住的地方过了夜里十二点电梯就停了，有时候排练回去晚了，就只能爬楼梯。她住十层，楼道没灯，我陪她爬上楼以后，自己噔噔噔往楼下跑。其实我也害怕，就是不好意思说，有一次跑得急了还摔了一跤，瘸了好几天。

还有一次我和谢楠被雨拍在路上，就钻进了一家麦当劳，突然过来一个胖胖的初中小男生问她："请问你是主持《娱乐现场》的谢楠姐姐吗？"谢楠说是啊。胖胖很激动，从书包里翻出一个作业本让她签名，高兴得蹦着跳着就走了。谢楠比较冷静，估计是见惯了这样的事情，我在旁边很羡慕。后来雨小了，我们俩出门，她也蹦着跳着，告诉我那是她第一次被别人认出来，很激动，但是刚才一直压抑着情绪，憋坏了。

哈哈，我第一次被别人认出来，是在2009年的夏天，也很激动，也憋着。当时我在排队买驴肉火烧，我前面的一对情侣把我认出来了，还说很喜欢看《大鹏嘚吧嘚》，但是他们并没有让我先买。

说回那部话剧。我们四个都是娱乐圈的新人，除了排练，就在一起串通八卦，分享秘密，畅想未来。每个礼拜发了排练费，我们就去下馆子，抢着买单，但是点菜都不怎么积极，怕破费。我们在戏里的角色也是娱乐圈的新人，导演说我们演自己就行，但是我总也找不到状态。看到别人演得那么好，我很自卑。

我想了一个办法。

我给我电话本里唯一一个会演戏的人，姚晨，打了一个电话，先和她道歉，对不起，我也演戏了，然后讲了我的困惑，让她帮我出出主意。没想到姚晨竟然说："你们在哪儿排练？我明天过去探你的班吧。"

第二天下午三点，姚晨突然出现在虎坊桥一间废弃的酒吧的门口，我和导演介绍说，这位是我的朋友姚晨。导演看呆了，说："我知道她，我知道她，我知道她。"

姚晨看我演了几场戏，什么也没说，导演也没说，我们就去吃饭了。那天是导演请客，我们敞开了点了几个贵的菜。吃完以后我送姚晨上车回家，她说："你快回去好好排练吧。"

奇怪，关于表演，她什么也没说，只是来看了我一次，我就变得自信了。

排练了一段时间，话剧《我要成名》在北京人艺实验剧场上演。那是个小剧场，第一排的观众离我们很近，我很怕喷他们一脸口水，但是导演让我放开了演，他说观众和表演者之间隔了一道墙。他骗人，我第一天演就喷人一脸。

我扮演的角色是一个副导演，女朋友于莎莎为了走红跟别人跑了，到最后我成了真正的大导演。戏里我有一大段独白，还得哭出来，导演教了我一个方法，说瞪眼就行，瞪着瞪着眼睛难受了就有眼泪了。这个方法挺好用的，后来我再看到影视剧里别的演员哭，我眼睛就疼。

谢楠扮演一个女演员，因为妈妈需要做手术，拿不出钱，就用自己去换钱。张迪演她的男朋友，是一个编剧，后来把所有这些事情写成了剧本。等等！我们的编剧为什么要写这个剧本呢？

有一场戏是我去医院探望谢楠的妈妈，需要拎着水果，果篮里放着的东西是剧情重要的线索。结果那天上场忘了拎了，谢楠一看见我空着手就蒙了，我也蒙了，我俩对视了几秒钟，她灵机一动问："你怎么来医院探望病人都不带点儿什么水果来呢？"我赶紧说："带了带了，一着急忘车里了，你等我去拿去啊！"

这就是话剧的魅力，每天演得都不太一样。我们很享受，不过导演很崩溃，他总是担心我们出问题。我觉得这种担心是多余的，因为出了问题他也不能跑到台上去。

不仅导演要相信演员，演员也要相信舞台，这句话是我后来参演的一部话剧《天作之合》的导演尹韬说的。顺便说一句，那部戏我是男一号哦。尹导告诉我："舞台是有生命的，也是有性格的，演员要好好照顾她，她才会好好照顾你。"从那以后我就有了和舞台说话的习惯，每次在新的场地录影或考做表演，上场前都会蹲下来摸着舞台，和她聊聊天，自己也就不紧张了。

演《我要成名》的时候，我还不会和舞台聊天，但是和他们几人却有说不完的话。演完《我要成名》，我们四个各自经历了很多事情，慢慢地也都算成了名。当年虎坊桥排练场里追逐嬉戏的小伙伴们，一路上彼此陪伴、见证、分享、分担。他们对我很重要。

其实排练话剧那会儿，我正纠结着艺人合约里那些分成比例，还有年限，还有不确定的未来呢。但是听了其他几个小伙伴的签约条件，我突然就不纠结了，这下你明白我为什么说他们很重要了吧，哈哈。

03 怕飞的鸟

我的名字是一只大鸟，但是我竟然怕极了飞行。

我是在2008年4月突然开始恐飞的，那一天我从北京飞上海，去主持尚雯婕在一所大学的歌友会，突然来了一股气流，我觉得机舱瞬间就变成透明的了，自己就这样悬在万米高空，整个人紧绷得好像一动就要碎了。那是我生命中最长的一个多小时。

其实是因为我前一天熬了夜，又赶早班飞机，身体状况很糟糕才出的问题。但是那扇门被打开以后，就再也没关上。

那一年我们提早就预定了5月份的出国旅行，她很期待。坐火车回到北京的我，越想越害怕，但还是去了，一方面是爱情的力量，另一方面，退订的手续费还挺贵的，哈哈。

那次长途飞行很浪漫，国外的月亮挺亮的，星星也格外大个儿，大部分乘客都睡着了，他们没福气看到。我是害怕得睡不着，飞机总是颠，我就干脆站在机舱里一边听歌一边跳舞，努力让自己的振动频率超过飞机的振动频率，就感觉不到颠了。我刚刚说他们没福气看到，其实是指我的舞蹈。

那天晚上，我跳完麦当娜，就跳碧昂斯，后来跳李宇春，因为当时流行一句话：“信春哥，得永生。”我在想，听李宇春的歌，应该就可以平安吧。

从那以后我就喜欢上了李宇春的歌，特别是有一首叫《小宇宙》的，几乎每次一听到它，飞机就不颠了。

恐飞让我一度非常自卑，感觉不会再洋气了。

因为职业的原因，我经常出差，我的原则是：五个小时以内，坐火车能够到达的地方，绝对不飞；五个小时以外的，我宁可跳舞，也不要闻那么久的泡面味儿。2010年在沈阳主持《明星转起来》，一个礼拜去一次，我一年坐了一百多趟火车往返北京—沈阳，连中途葫芦岛站卖茶叶蛋的大妈都认识我了。辽宁卫视负责订票的人估计一辈子都不会再遇到这样的事情了：主持人坐火车赶路，陪同的工作人员坐飞机往返——我实在不愿意连累别人也和自己一样。

2012年夏天，我接到了湖南卫视的邀约，主持《新闻大求真》。那时候北京到长沙的高铁还没开通，坐火车要十几个小时，我只能飞，而且是每个礼拜都要飞，因为这个我一直在纠结。公司的经纪人劝我：“你知道在一家电视台，主持一档日播节目有多难得吗？你知道一旦登上顶级卫视平台，对于你意味着什么吗？你知道这次人家给的钱其实还挺多的吗？”

我只知道自己是真的怂啊，每次出发去机场，都要一步三回头，和周围的一切道别，依依不舍，眼里尽收每一个细节。每次飞机落地，就好像重生，如果不是怕空姐误会，真想和她们每个人拥抱。

在长期的实践中，我开发了很多种克服恐飞的方法。除了跳舞，最常用的是冥想法。我闭上眼睛想象自己是驾驶宇宙飞船的勇士，与外太空来的邪恶力量展开较量，飞机的每次颠簸，都是在我控制之下的飞船变向；我想象自己是赵本山，是成龙，是姚明，是每天都要坐飞机的职业球员，要去打客场的比赛，或者是世界巡演；我想象飞机是翱翔的大鸟，自己是一片鸟毛，又到了迁徙的季节，这起伏多么美好……

恐飞症没有好转，附赠精神分裂。

后来我还看了很多书，百了很多度，学习了很多航空知识，我觉得自己离学会开飞机已经不远了。在确定和空姐搭讪是不会缓解症状的之后，我甚至还打听过淘宝上的蒙汗药，也打算折腾自己整宿不合眼，劳累过度，争取上飞机睡觉（叔叔没练过，千万别模仿），主要是她们也不太乐意和我唠。

没有办法，我现在还是经常要飞，已经飞成了航空公司的金卡会员，登机牌连起来能绕我家一圈。写到这里，也许有的人已经猜到了，我终于克服了恐飞。这确实挺励志的。但你们没猜对，我还是那么怂，唯一进步的，只是终于肯把这件事说出来而已。

不是每一个故事，都会有逆转的结局。不是每一种恐惧，都需要彻底治愈。在我发现它确实无法治愈以后，转而接受——每当她送我到机场，我们深深拥抱，其实有点害怕的事情也挺好的。

否则眼前的世界，就不会像现在一样，值得珍惜。

04 其实我是一个龙套

我对自己的未来有过很多种设想，但是从来没有想过，我会做演员。

这事儿要感谢凯凯，他是搜狐帮我安排的第一个经纪人。他以前是记者，没当过经纪人，但是很有热情，对我很好。那时候我除了录《大鹏嘚吧嘚》，演艺工作并不多，他就帮我做了一份艺人资料，见谁给谁。

凯凯特别能喝酒，喜欢交朋友。有一回出去喝酒，他听到一个哥们儿说要投资拍电影，就咣咣咣连敬三杯酒，和人家说要我去演，那哥们儿也没看看我长什么样儿就同意了。

凯凯总结出一个经验：递资料啥的都没用，还是喝酒好使。

酒醒以后，凯凯的哥们儿叫他带我去试试戏。我们到了一个宾馆房间，一进门就看到一堆漂亮姑娘，都不知道先看哪个好了。凯凯的哥们儿给我们介绍了导演，导演叫阿猛，人如其名，长得有点儿猛，是那种走大街上你都不敢看他一眼怕挨揍的长相。他举着一个DV，从我一进门就开始拍我，弄得我挺尴尬的。

阿猛导演给了我一页纸，一边拍我一边说："来吧，你试试演一段儿给我看看。”就现在？在这里？演？我当时就惊了，我才刚刚进到这个房间，而且周围有很多人看着啊，怎么好意思立刻就演呢？

纸上的内容大概是让我演一个陪女朋友吃饭的抠门儿男，吃完结账的时候发现太贵了，然后要做出一个反应。阿猛随便指了一个漂亮姑娘，说：“来，你来陪他演，当他的女朋友。”我在进了那个房间三分钟左右的时候，就交上一个女朋友，一切都太奇妙了。

还没等我想好怎么演，导演已经举着DV喊“开始”了，我女朋友特别快地进入状态，先说了些有的没的，然后叫服务员买单。凯凯的哥们儿临时客串了服务员，走过来和我说：“先生，这是您的账单。”我接过来以后做出了非常为难的样子，因为本身就很为难，不知道该怎么演。正好我坐的地方旁边有一杯水，我琢磨着喝口水拖延下时间，没想到水特别烫，我当时就喷了，导演在一旁叫好：“好！这个反应好！”

我稀里糊涂地就入选了。

2008年6月，凯凯陪我到青岛拍戏。那部戏叫《完美新娘》，是阿猛导演的处女作，女主演是郭柯宇，男主演是章贺。我演的角色叫罗杰，是郭柯宇的相亲对象。她爱上了我，但是我想甩掉她，就找章贺帮忙，结果他俩在一起了。后来他俩真的在一起了，拍完戏以后，郭柯宇就和章贺结婚了，挺幸福的。

我是第一次拍戏，看什么都新鲜。没有我戏的时候，我就去片场看拍戏，自己拿个小本儿，写写画画。剧组的人也是第一次见到这样的演员，他们很愿意和我分享各自的拍摄经验，那些经验对我现在自己拍戏很有帮助。

等我真的开始演戏了，就没那么不好意思了，因为真的会被演对手戏的演员感染到。有一场戏我和郭柯宇牵着手散步，那个时候我俩还不熟，导演没喊开始之前，郭柯宇就主动牵了我的手。我看了她一眼，她冲我笑了笑，认真地说："时刻准备着。"我当时就觉得，当演员真好。哈哈，开玩笑，我当时就觉得，我也要更加投入，要不然对不起别的演员的付出。

所以，演戏对我不是最大的难题，最大的难题是睡觉。我和凯凯被安排在一个房间，还是一个大床间，我特别不习惯，但是凯凯总是可以睡得很香，因为他睡前都喝酒，而且还打呼噜。他一打呼噜我就踹他，然后他就不打了，过一会儿又打了，我就又踹他。他很奇怪自己每天都可以睡得很好，但是睡醒了身上疼，也不知道为什么。

我让凯凯回北京，我说我可以自己照顾自己，权当锻炼了，而且组里的人对我都很好，他可以放心。过了几天，凯凯依依不舍地回到北京，我终于睡了一个安稳觉。但是隔天我就被剧组调换了房间，因为按照我的标准是没有办法住单间的。我住进一个三人间，里面住着一个北漂的演员邹笨笨，一个台湾的导演小徐。

邹笨笨年纪比我小，是专业学表演的，毕业以后一直在各种剧组拍戏，有台词没台词的角色都演过。他在北京没有住的地方，永远是一个戏杀青以后进另一个戏，用他的话讲就是："虽然我拍戏的片酬不高，但是永远有地方管吃管住，还能演戏。没准儿演着演着，哪天就成了。"

小徐是阿猛的朋友，是来客串的。他的样子很有特点，让人过目不忘，出奇地瘦，还留着长发和胡须，看不出多大年纪。小徐是台湾人，但是听上去满嘴京片子　他在北京待了几十年，是电影学院导演系毕业的，已经拍了几部电影。

我们三人很聊得来。邹笨笨最爱聊的就是他的明星梦，他经常说谁谁谁四十多岁了才红，所以自己一定要坚持；小徐最爱聊的就是他的电影梦，他觉得自己的技术和意识都相当超前，只是欠一个机会；我最爱聊的就是，今天收工吃点儿什么。邹笨笨说我不上进，我说小徐得妥协，小徐说邹笨笨其实不会演戏……我们就这么罗着圈儿地聊天，日子过得很快，一个多月电影就杀青了。

一年以后，《完美新娘》上映了。因为是小成本制作，也没举行首映礼什么的。我拉着搜狐的同事们一起去电影院看，怕被别的观众认出来，还戴了个口罩去，结果发现那个厅里除了我们也没有别的观众，同事们笑了我半天。

《完美新娘》是我参演的第一部电影，因为那次经历，认识了一些电影圈的从业人员，所以接下来类似的机会多了起来。2009年1月11日，我突然接到以前合作过的一位工作人员的电话，他说：“你马上坐飞机来一趟哈尔滨！明天就拍你！是电影！黄渤演的电影！”

那时候我已经开始恐飞，在电话里听到他说坐飞机，马上就吓得不行了。但是和黄渤一起演电影，这实在太诱惑了。我犹豫了片刻，决定让凯凯陪我去一趟哈尔滨。

我犹豫的原因除了怕坐飞机，还有第二天就是我的生日，不能和家人一起过，挺遗憾的。凯凯说：“没事儿，让黄渤给你过，多有意义啊。”那部戏叫《倔强的萝卜》，我们到了哈尔滨都半夜了，连夜试装，睡了几个小时就爬起来去拍戏，一共两场戏，一会儿就拍完了。

那部戏里确实有黄渤，但是我那两场戏里没有。我演了一个卖假药的药贩子，拍完戏换衣服的时候见了一眼黄渤，合了张影。他没有祝我生日快乐，因为全剧组都不知道那天我过生日。晚上凯凯请我下馆子，饭店里每个人都喊着说话，凯凯也喊，说：“你要记住今天！以后我一定让黄渤给你过把生日！”

凯凯第二天连自己说过这句话都忘记了，因为他喝多了。凯凯在我身边工作了两年多，我始终都在跑龙套。后来他离开了搜狐，自己在鼓楼开了一家小酒吧，喝酒就更方便了。

凯凯离开搜狐之前帮我介绍的最后一部戏是《海洋天堂》，李连杰和文章演的，我也经历了一次试戏，在北京电影制片厂的一个房间。不过导演没让我演，她看了一眼我的身高就说合适了，我说：“为什么？”导演说因为我没那么高，他们不想让李连杰先生的戏里有那么高个子的演员。

我又稀里糊涂地就入选了。

我扮演的角色，名字叫“徒工甲”。好吧，那不是一个名字，哈哈。徒工甲是李连杰的同事，还有徒工乙、丙、丁。不过我有好几场戏都是和李连杰一起演的，所以很兴奋，但是后来导演把戏都给剪了，只剩下一秒钟我和文章洗澡的戏。

我还跑过很多次龙套，有些播过，有些没播过，有些播过和没播过一样，谁也发现不到我。但是无论多小的角色，总可以接触到一些人，看到一些事儿，得到一些收获。

我有一位朋友叫包贝尔，他演过各种各样的角色，有一次他一边吃着烤腰子一边说：“其实从每一个角色的视角望出去，自己都是主角，只不过电影偏偏选择从它的主角的视角望出去而已。”这句话太漂亮了，漂亮得我都不相信是他自己说的了。

是啊，生活是最好的编剧，我们都是自己故事里的主角，也都是别人故事里的龙套，就看你选择讲哪个故事了。

05 致电视的一封信

亲爱的电视：

你好，我叫大鹏，是一名主持人，网络主持人。我知道，就算我主持了那么多电视节目也依然是一名网络主持人，所以每次走近你，我都会自卑，有些不好意思。

我生长在一个小城，一直长到十七岁都没离开过那里，你是我了解外面世界的窗口。我们家的窗口最开始是小小的黑白色屏幕，现在已经变成很大的彩色屏幕挂在了墙上，挂得有点儿高，我一直仰视你。

大学的时候，我去当地的电视台当观众。有一位女主持人，因为说错了话，被导演当着我们所有人的面骂得很惨。我看她马上就要哭了，但是导演立刻倒数，5，4，3，2，1，开始！奇迹发生了，她竟然瞬间换上了灿烂的笑脸。我觉得很神奇，你就是魔术师，可以控制人的情绪，可惜我看到了魔术的背后，有点可怜那位女主持人。

我从来没想过，有一天自己也和那位女主持人一样，参与到你的魔术中。你控制着我的情绪，我也配合你控制着观众的情绪。你的方法越来越多，越来越让人着迷。

我第一次主持电视节目，是在2009年4月，山东卫视开了一档新的综艺节目，叫《不亦乐乎》。那时候刚开始流行“台网联动”，我作为搜狐的主持人被推送到这个节目。除了我，主持人还有大冰、阿雅、刘刚、麦小龙。

录节目那天，《大鹏嘚吧嘚》的同事都去了，给我加油。我很重视这次机会，把导演发的台本全部背下来，但是除了开场说了一句“我是大鹏”，就再也没说过话。为什么其他主持人都没有按照台本上写的说呢？为什么大冰面对各种情况都能灵活应对呢？我不知道你还有多少秘密是我不知道的。我郁闷了好几天。

第二次录影，导演要我准备一个模仿，我在家里对着镜子练了一个礼拜。录完以后，节目里竟然没播，我越来越不懂你了。

我像一个舞台上的观众，在主持人旁边看着他们主持，慢慢地，发现一些规律和微妙的关系。我把每次录影看到的都写在一个小本上，还记录了大冰说的一些机智的话，想着下一次自己面对类似的情况，就可以用得上了。但是这样的机会不多，错过了就是错过了。

有一次我在节目里做一个游戏，从高处摔了下来，挺狼狈的，观众们乐得不行。其中一个主持人把话筒递过来说：“我们请大鹏介绍一下玩儿这个游戏的经验吧。”我还在眩晕，呆呆地望着话筒，半天说不出话。我很想说点儿什么，但就是说不出来，空白了几秒，他就把话筒拿走了，开了一个玩笑说：“这孩子这是摔傻了。”然后节目继续进行。

那天录完节目，我躺在酒店的床上哭了，觉得自己特别笨，以前总想有机会多说几句话，但是机会来了，却又把握不住。我一边哭一边想，到底应该怎么接那句话呢？终于，在他把话筒递过来的几个小时以后，我想到一句："你觉得我现在这么狼狈像是很有经验的样子吗？"我把这句话写在小本上，但是再也没用上，错过了真的就是错过了。

亲爱的电视，你告诉我每个主持人都有自己的角色分工，为了让自己的角色不被淘汰，我偷偷练了一个绝技。那时候节目有一个固定的游戏版块：在鱼缸里放很多的水和橘子，大家不能用手，完全把头埋到水里用嘴叼橘子，看一分钟内谁叼得多。我在这个环节无人能敌，因为我在自己家的脸盆里经常练。

适者生存，但是适者并不一定是强者。后来我留在那个节目，主持了一年，学到很多东西。

2010年，我成为辽宁卫视《明星转起来》的主持人，从舞台的最边上，站到了中间。我知道这也不是因为自己够资格，而是因为我师父赵本山的推荐。亲爱的电视啊，那段时间我的压力真的很大，很多事情还没想明白就直接面对了。我的语境好像和工作环境也不太一致。有一次录完节目，我师父在后台问我："录得怎么样？"我告诉他"挺热闹的"。节目组的一位工作人员劝我，以后不要这么说，因为他理解的"热闹"就是"乱"，而不是我理解的"气氛热烈"。我有些委屈，后来慢慢接受了这种设定，和每个人聊天都要顾及潜台词，这还挺累的。

《明星转起来》在辽宁卫视停播之后，本山传媒又在北京卫视开了一档节目，叫《喜剧世界》，我突然又换到另外一种语言环境。在那里，我被重新归零，怎么站，怎么坐，手放在哪里，说什么样的话，都有严格的规定。有一次我换了一个发型，节目负责人在化妆间和我聊了很久。我非常痛苦，感觉在台上连标点符号都是错的，不会主持了。

哦，对了，为了能够成为一名合格的主持人，我自己还报了一个普通话培训班，不过还没等到考试，《喜剧世界》就停播了。我和师父说自己很对不起他，主持了他的两个节目，结果都黄了。师父说我太自作多情了。

亲爱的电视啊，很多人都问我，为什么我上了电视总感觉没有在《大鹏嘚吧嘚》里放得开呢？那是因为《大鹏嘚吧嘚》里的内容，都是准备好的啊。而电视节目里，更多的需要现场发挥，所以在你面前，我总是自卑，充满敬畏。

但是我觉得真正支持我的人，应该在欣赏我优点的同时，也包容这些不足，并且愿意和我一起进步，见证这些不足得到弥补的过程。即使最终证明有些不足是没有办法弥补的，我都不应该在差距面前低头，然后再回到自我欣赏的那个原点。

我在电视主持上开始有自信，源于《最佳现场》这个节目。2011年3月，光线传媒的制作人刘同突然给我打了个电话，说是《最佳现场》

这个节目改版，希望我一起参与。我问他，他是因为要和搜狐合作，还是因为我是赵本山的徒弟？他说：“都不是，只因为你是你。”刘同很会“蛊惑”人心，我信了，就冲这句话，没钱也去。

刘同和我解释了为什么找我，因为《最佳现场》是一档采访明星的日播节目，他希望新的主持人能够和明星平等地沟通，不要总捧着他们说话，要敢于尖锐。他看过我以前在搜狐主持的《明星在线》，我每天面对各种各样的明星，设定的问题都很特别，所以他希望我把这种风格带去《最佳现场》。

后来，《最佳现场》让我发现，原来所谓的“自信”，其实是别人给的，说你行你就行，说你不行就不行。我也不知道自己到底行不行，但是他们都说我行，慢慢地，就真行了。我在《最佳现场》发挥得很好，找到了让自己很舒服的说话方式。从那以后，我再也没有因为环境的改变，而改变自己的语境了。

有一次我客串主持一档汽车节目。录完以后，制作人过来劝我，说另外一位主持人因为我临时加入，有些耍小性子，在台上说了很多很过分的话，让我千万别介意。我说我真的不介意，因为我根本就没意识到他是在损我。我有自己的语境，如果我不是一个复杂到每句话都要设定潜台词的人，那么别人在我眼里也是简单的。

亲爱的电视啊，就这样，我找到了自己和你相处的方式，主持了越来越多的节目。你也越来越照顾我，这让我很开心。我也同样开心，在你的身边，我遇到了很多比自己优秀，更可怕的是比自己还要努力的人。我有时候看到他们，觉得自己配不上你，但开心的是，我又可以学到很多东西。这都是因为你。

我有一个心愿，希望有一天，当我们尽情拥抱的时候，自己不会再害羞。我爱你，也希望你更加爱自己，好好照顾自己。

你的大鹏

06 我的师父是赵本山

我的师父是赵本山。他第一次见到我，是在春晚的后台。那年他带着小沈阳和丫蛋演《不差钱》，我是搜狐视频春晚报道小组的成员。当赵本山终于带着爱徒第一次出现在春晚彩排现场的时候，我怀疑连扫地的大妈都是某媒体潜伏的记者。

师父彩排完走下台，已经没有落脚的地方了。全国的媒体同行蜂拥而上，带头的就是我。他老人家被眼前的闪光灯晃得有点儿蒙，混乱中小沈阳和丫蛋早就不知道被挤哪儿去了。我一个箭步上前搀住那时候还不是我师父的赵本山，学着以前别人驱赶我的样子大喊："让一让！让本山老师先休息！谢谢大家！让一让！"

最后进入休息室的只有我和本山老师两个人。老头儿缓了好长时间才想起问我："你是谁啊？"

"您好，本山老师，我是搜狐视频的记者，我叫大鹏。刚才您上场彩排时我算了一下时间，一共表演了27分钟，观众笑了36次。我作为观众，觉得这个作品有些地方还可以打磨得更完美，我们可以聊聊吗？"

以上是我准备好的开场白，但当时我还没来得及开口，就被后来进屋的工作人员给请出去了。

因为工作的关系，我有幸先后主持了北京刘老根大舞台开业庆典、赵本山官网落户搜狐仪式、《乡村爱情故事3》开播发布会。师父后来说，是因为看到我的努力，一次比一次更加进步，才想要收我做徒弟的。

又是在后台。在《乡村爱情故事3》开播发布会之后，赵本山老师当着所有人的面说："大鹏啊，今天表现得不错嘛，小心我把你收了当徒弟啊。"

奇怪了，打出刚刚那行字，我还是会激动，当年的场景历历在目。周围本山传媒的领导、我后来的师兄们，都开始帮我递话，说："大鹏，你师父话都说到这份儿上了，还不赶紧拜师啊？"本山老师乐呵呵地看着我，我说："谢谢本山老师。可是，我觉得自己现在还不够优秀，配不上'本山弟子'这四个字。我一定好好努力，等有一天我准备好了，您再给我这个机会好吗？"

我不知道师父当时听完这些话是什么表情，我根本就没有看他的表情，转身就跑了。因为再慢点，眼泪就要被大家看到了。

我躲到没人的地方哭了好久，说不上是高兴、委屈，还是后悔。下一个能记得的画面就是躺在自己家的床上，至于说是怎样倒了两趟地铁回的家，全都忘了。那一路脑袋都是蒙的，也不敢打电话给任何人分享这个消息，因为就连我自己都不理解，为什么要拒绝？为什么要拒绝？

为什么要拒绝？

后来知道这件事的所有人里面，只有师父从来没问过我这个问题。

还是在后台。那一年的春晚，本山老师带着小沈阳和王小利演《捐助》，我依然作为搜狐视频春晚报道小组的成员在现场做采访。零点的钟声敲响了，徒弟们纷纷给师父拜年。我躲在一个角落里后悔，心想着当初要是一个头磕在地上，是不是今天的红包也有我的一份呢？还挺厚的。

师父发现了角落里的我，我们四目相对了几秒钟，他招呼我坐过去，仿佛时光倒流回上一次的后台，他就那样乐呵呵地看着我，也不说话，在等着我说些什么。我紧张得把手心都掐破了，说："师父，以前您表扬我的时候，我觉得自己还没有资格做您的徒弟。这段时间我一直在努力，争取对得起您对我的信任，现在我准备好了，可是我还有这个机会吗？"师父笑得很开心："那要看你今后的表现了。"

2010年4月5日，在本山传媒举办的拜师仪式上，我正式成为赵本山老师的第53位弟子，也是他为数不多的不唱二人转的学生。

师父给了我主持《明星转起来》的机会。第一次录完，节目组的人塞给我一个信封，我打开一看就傻了，劳务费远远超出了我当时的水平，那时候我主持很多节目都是不要钱的。节目组说这是本山老师交代的。我拿着钱去找师父，说自己能力有限，绝对不能拿这么多。师父乐了，告诉我其实这本来就是电视主持人的薪酬标准，我以前是苦日子过惯了。他说："你都拿着吧，别乱花，攒点儿钱过日子，如果实在觉得不好意思拿，就好好表现别给我丢脸。"

在主持上，师父会给我很多很具体的指点，但是他对我嘱咐最多的，就是要"站在地上，说人话"。我问他，什么叫站在地上呢？谁说的不是人话呢？师父说，有很多主持人都不是站在地上，而是飘在空中说话，离观众们很远，而且词儿也都是别人写好的，并不是自己真正想说的，正常人也不会那么说话，有时候说出的话他们自己都不信。师父说，主持人最重要的是真实，把此时此刻自己的感受传递给观众，哪怕这一时刻就是说不出来话，也比硬编一些假话强。

我喜欢和师父聊天，他很新潮，喜欢接触新鲜事物，我经常给他讲一些网上最新最有趣的事情，听听他的看法。他每一次来北京，我都陪在他身边，我们一起经历了很多好玩的事情。

有一次堵车，半小时不挪地儿。我们从北京电视台出来到对面的饭店吃饭，师父提议干脆就下车走天桥，然后自己用纸巾抠了两个洞当面具，我把我的眼镜和帽子也贡献给他乔装。我们就这样"全副武装"走去对面，还是被人认了出来。早知道还不如不蒙面呢！还有一次我陪他半夜出来溜达，走了一会儿突然肚子疼，我们就进到一家貌似已经打烊的饭店。你们能够想象一群服务员围在一起聊天的时候，突然看见赵本山进了屋，他们是什么表情吗？师父淡定地说："你们继续聊你们的，我俩进来上个厕所，马上就走。”

师父喜欢啃鸡爪子鸭脖子，有一回我买了挺多的带过去，但是有一点儿辣。我不知道他那几天肠胃不舒服，大夫不让吃辣，他就只能看着我们吃，可怜巴巴的。趁我们不注意，他还偷偷抓了一只鸡爪子，刚想往嘴里塞，就被发现了，只好放回去，做出一个无辜的表情。那天在回家路上，我越想越不忍心，大半夜的，我转悠了很久才找到一个卖不辣的鸡爪的店，送回师父那儿。他用一种不可思议的眼神看着我，连着说了好几个谢谢，弄得我特别不好意思。

我的师兄弟们大部分都在沈阳，我住北京，所以师父来北京彩排春晚，我就力所能及地打打下手，给大家准备道具、服装，买买夜宵什么的，做一些后勤的工作。

2011年的春晚，他演的是《同桌的你》，他在小品里读的“此处省略一万字”的信，就是我写的。每次彩排，我都一笔一画很认真地抄写，生怕有连笔让师父看不懂。春晚直播结束以后，师父突然和我说，信好像是少写了一行字。

他倒也没有发脾气，就是觉得很遗憾，忘说一句话，对作品的逻辑有影响。因为信是我写的，所以我特别懊恼，觉得连累了师父。但是也没有道理啊，每一次我都写得很仔细，也会检查很多遍。我赶紧用手机上网看了表演的视频，演到那一段的时候拿给师父看，师父长出了一口气说：“哦，原来没错啊。”

那次的表演很成功，我的信里也没有少写一行字，只不过师父当天的身体状态不是很好，他下了台，以为自己忘念了一句。那天晚上，距离节目直播还有半小时前，他还在吸氧，师兄们都去候场了，只有我陪着他。师父突然提出要到门外喘口气，我陪着他走到央视演播大厅的门口，师父突然说：“你不用跟着我了，让我自己转悠转悠吧。”

我看到一个蹒跚的背影，颤巍巍地走下台阶，在空旷的停车场上自己转着圈，嘴里念念有词，不知道是在背马上要表演的台词，还是在祈祷什么，过了一会儿，他挤出一个笑容，说：“走！咱们上场。”

2012年春节，我记事以来春晚第一次没有了赵本山。腊月二十八那天下班之后，我开着车，从北京连夜奔向沈阳，到“本山基地”已经半夜两点了。师父见到我有些意外，给了我一个大大的拥抱。我说：“以前这个时候在春晚的后台我都会陪着您，现在没有了后台，我也一样，会在这里。”

腊月二十九那天，我们一起吃了一顿饺子，然后我继续开车回东北老家。因为每年都要留在北京报道春晚，我都忘了在家过春节是什么滋味了，但是我师父，他根本就不知道在家过春节是什么滋味。看得出来，那天我们分别时他脸上的表情充满兴奋和期待，像个小孩。

07 教训

我们每做一件事情，都会有一些收获，哪怕收获的是教训，都可以帮助我们成长。

2010年5月，我和主持人李晨被搜狐安排去了一趟台湾。当时李晨在搜狐开了一档节目，叫《潮流实验室》。加上《大鹏嘚吧嘚》，我们两个节目组一起到台湾，探班了很多综艺节目，包括《综艺大哥大》、《大学生了没》、《康熙来了》等。

我还在《康熙来了》的录影现场，捡了一期他们节目的台本——不是偷的，是捡的，只不过捡起来以后没还给他们而已。后来我把这个珍贵的纪念品当成生日礼物送给了一位做电视节目的朋友，她非常喜欢，我还省了钱。早知道多捡几份就好了。

在《康熙来了》，我学到很多东西。第一个让我惊讶的是他们的片比，也就是播出时长和录制时间的比例，竟然接近一比一，六十分钟的节目就真的只录六十分钟。工作人员每隔十分钟在台下给主持人举一次小黑板，到六十分钟的时候，康永哥和小S立刻收尾。我崇拜得不行，以前我录六十分钟的电视节目，都需要三四个小时，讲了很多废话。

第二个让我惊讶的是工作人员们的“假High”，节目制作人带领大家在台下起哄、欢呼、鼓掌、尖叫，无论台上的录制是否好笑，台下的工作人员都非常卖力地做反应，这样一是播出的时候显得现场气氛特别热烈，二是给了台上的很多明星自信，他们会发挥得更好。后来我把这招儿带回《大鹏嘚吧嘚》，让所有人也在台下“假High”，尽可能地糊弄我。

不过在台湾之行中，有一件事情让我挺郁闷的，就是在我和李晨同时采访明星的时候，明星们对我没有对李晨那么热情。几天下来，我很受挫，后来干脆就不怎么拍了，我的态度出现了一些问题。

那是一个恶性的循环，我越是懈怠，越没办法做好。我觉得自己和李晨的不同，在于我的方式更像是一个记者在采访明星，而他则表现得更像是和朋友聊天，他本身就是圈里人，即使不认识采访对象，他们也会有共同的朋友和圈子，很容易就能聊到一起。我始终在大门外，不是里面拒绝我，而是我自己拒绝走进去，这是我的问题。

我收获到一个教训：既然选择从事了这个行业，就要首先让自己变成这个行业的人，才可以获得平等对话的机会。从那以后，腼腆的我开始主动迈步向前，去结交一些这个行业的朋友，当然同时也是和我在同一频率上的朋友。

我以前让自己游离在圈外，其实是不敢面对残酷的现实。周围的所有人都那么优秀，自己显得很笨拙，我总会说人家就是吃这碗饭的，我是搞互联网的，没法儿比。这些都是借口，是真正地在糊弄自己。后来我想明白了，想要不断进步，就必须正视差距。

还有一件事情影响我很深。

2011年8月，湖南卫视《最高档》节目的制片人给我打电话，想找我聊聊。那是一档汽车节目，买下了英国节目《Top Gear》的版权，在北京录制，深夜时段播出。我很激动，虮子也是肉，深夜时段的芒果台也是芒果台。

制片人说，他们一共需要三个不同风格的主持人，想让我去试试，给我高兴坏了。然后他问我："你车开得怎么样？"

我车开得怎么样呢？我大三的时候就考了驾照，还是大货车的驾照，那时候全班同学都有驾照。为了找工作，大家是证就想考，我的一位同学连结婚证都领了。但是考完驾照以后，我就再也没开过车，不过《极品飞车》的游戏玩得挺好的。

所以，我车开得怎么样呢？我和制片人说："我开得很好啊。"为了能够抓住那个机会，主持芒果台的节目，我撒了一个谎。

制片人说："那你先录一个外景试试吧，周末我们就去赛车场录，拍你和另外一位主持人赛车。"

我一听赛车就蒙了，再想承认自己不会开已经来不及了。我找了一个同事，让他教我开车。他说我实在太虎了，几天之内上路开车还可以，但是出去跟人家赛车简直是不要命！我说顾不上那么多了，那可是芒果台啊。

等到周末的时候，我已经可以开车上路了，毕竟是考过大货车驾照的人，虽然考驾照的时候教练帮了不少忙。我信心满满地去到赛车场，想到自己可以出现在芒果台，特别兴奋，发挥得也很好，前面的导语录制都很顺利，节目组也很满意。最后的赛车环节，节目组给我借了一辆保时捷，另外一位主持人开的是GT-R。我第一次开跑车。

他们在车里装了摄像头。我们的任务很简单，不需要开多快，因为也就我们两个人，象征性地跑跑，在车里对着摄像头说说话就可以了。可是当我发车的时候，万万没想到，保时捷在赛道上的速度那么快，像离弦的箭一样就出去了；万万没想到，另外一位主持人更快，他嗖的一下进入弯道。他出发前放狠话说，会让我看着他的车屁股跑。他错了，我连他的车屁股都没看到。

我可以输，反正也都是节目效果，但是我不想输得那么惨，就猛踩了一脚油门，瞬间冲到一个很急的弯。我赶紧打方向盘，感觉都要把方向盘掰掉了，可是车子因为速度太快，转不过弯，横着飘了出去。保时捷冲出了赛道，飘到了周围由沙子、石头和防撞胎组成的缓冲区。我一边飘，一边冲着车里的摄像头喊：“我完了！！！”

后来……就没有后来了。

《最高档》节目的制片人再也没找过我，估计是把我的手机号码给删除了吧。要是我的话，删除都不解恨，得写到公共厕所的墙上去。

我特别愧疚，难过了很久，也收获了教训：自己做不到的、能力范围以外的事情，不应该许诺别人。但是收获这个教训的代价太大了，这次是湖南卫视买的单，也不知道他们花了多少钱去修车，当时我都做好倾家荡产的准备了。

我们经常都是用别人的牺牲换来一个教训。我们能够做的就是用那个教训，避免去伤害更多的人。

不久前，曾经在我团队工作的一个男孩儿，从搜狐离职了。我有些伤感，一是舍不得，二是自责，他离开搜狐和我也有关系。

这个男孩儿是从《大鹏嘚吧嘚》的实习生开始做起的，他能力很强，我很喜欢他。他在我的团队工作了两年，后来转去了别的部门。他向我提出申请说要转部门的时候，我很惊讶，因为觉得自己一直对他很好，为什么要走呢？

他就干脆说出了心里话，觉得在《大鹏嘚吧嘚》工作，每周就是写节目、录节目、剪节目、推节目，周而复始，转一个圈，接着转同样的一个圈，新鲜的刺激不多。

我很想劝他留下来，但是不知道怎么劝，因为他说的是对的，那时候《大鹏嘚吧嘚》的编导们，就是那样。我觉得挺可惜的，自己的团队失去了一个很得力的伙伴。他很清楚自己想要什么，可能是因为太清楚了，就想赶紧能够摸到。我的目标从来都是不清不楚的，好像路上有雾，就战战兢兢地走，每往前挪一步，就更清楚一些。很难说哪一种做法更合适，但是原地踏步一定不合适。

他离开《大鹏嘚吧嘚》让我收获到一个教训，就是要放开手让团队的每一个人得到更多的锻炼，找到最适合他们的发展方向。现在我出去录别的节目或者参加活动，都会带着《大鹏嘚吧嘚》的编导一起去，让大家接触到更多的人和事。慢慢地，我发现他们中有的人更擅长沟通，他就成了团队中负责宣传推广的人；有的人喜欢接触明星，他就成了团队中维护艺人关系的负责人；还有的人就是喜欢坐在办公室里写稿子，他就成了团队中专门负责撰稿的人；其中有一个人特别喜欢上淘宝，后来我给他找了一个差事，专门负责准备节目中的各种道具。这些人现在分别成为《屌丝男士》的制片主任、演员副导演、编剧统筹和现场制片。

现在的《大鹏嘚吧嘚》团队，每个人都做着自己喜欢做的事情，大家发展的方向也不冲突，有各自的空间，他们分担了我的压力，让我也变得更有效率。那个转部门的男孩儿如果还在这个团队，也会找到很合适的位置，更会很享受现在的状态吧。只可惜在他离开之前，我都没有意识到这些。

他调去别的部门以后，我们很少有机会接触。后来他离职的时候，发了一封很长很长的感谢信，给每一位在搜狐帮助过他的人，第一个就是我。我没有回复那封信，同事问我是不是还在介意他当时离开我。我说不啊，他离开以后，就再也没有人离开了。听上去这好像还是耿耿于怀哈，其实我单独编辑了一条短信发到他的手机上，因为有些事情，不需要让其他人都看见。

写到书里就好了，哈哈。

08 那个“抄袭片头”的人

想出名，先出事。我就是从一次“片头事件”开始，被更多的人注意到的。

2012年2月，我突然在微博里看到有网友留言，说：“大鹏你快去看看吧，你被美国的主持人给吐槽了。”我按照网友留的地址，点进一个美国的网站，那是一档脱口秀节目《柯南秀》的官网，上面有很多节目片段。在最新的一个视频里，主持人柯南提到了《大鹏嘚吧嘚》，说我们节目抄袭了他们节目的片头，还放了对比的画面。紧接着柯南说，既然中国山寨了他们这么多年，他也要山寨我们。他们模仿《大鹏嘚吧嘚》出字幕的方式弹出一堆汉字，柯南的助手还化装成之前一期《大鹏嘚吧嘚》里演员的样子，完全复制了我们的表演。

我看完那段视频，脱口而出一句脏话。当时的心情，只想往外蹦脏话。我彻底惊了，一是美国竟然也知道《大鹏嘚吧嘚》？二是我们的片头怎么会是抄袭的呢？但的确是抄袭啊！

我现在可以说了，片头不是我们节目组做的。《大鹏嘚吧嘚》每年都会改版，换一次包装，那次的包装是花了钱在外面找设计公司做的。

他们做出那个片头，我特别满意，觉得很洋气，很有脱口秀的感觉。难怪……那根本就是美国最著名脱口秀的片头啊！

但是当时不能这么说，就算说了也没人信。把责任推卸给别人，是最低级的危机公关。我该怎么办呢？还没等想好，板砖就飞过来了。

因为这是国外的脱口秀节目第一次提到中国的节目，所以很快就有脱口秀爱好者把那段视频配上中文字幕发到网上，视频点击率很高。只用了半天时间，我就成热词了。我的微博评论数突然多了起来，大部分都是来骂我的，风格迥异，从最低端的文字人身攻击到最高端的写成了歌曲唱着骂，原因是我抄袭了外国人片头，丢了中国人的脸。之前一直默默无闻的我，就这样代表了中国人。

同事们开玩笑说："你不是一直都很想红嘛，现在机会来了。"我说何止是红啊，我都被板砖给拍肿了，生疼生疼的。我本来以为自己的抗打击能力是很强的，但是真正看到那些骂我的评论，还是特别想把他们顺着网线从电脑里揪出来好好理论一番，一方面觉得很委屈，片头不是我们做的；另一方面有些受不了那些攻击，我没红过，没有挨骂的经验。

柯南先生很调皮。第二天的节目里，他又做了一个专题，重新说了一遍这个事情，又选了一个《大鹏嘚吧嘚》的片段来模仿。我又成热词了。

身边的朋友们都很热心，纷纷打电话来安慰我，还帮我想对策，也有庆祝的，还有羡慕的，反正没有人骂我，骂我的人都在网上。那几天我有一种错觉，觉得网上的人比现实中的人要“高尚”。

我找到搜狐负责内容的领导尚娜，她没有责怪我，却和我说，这是《大鹏嘚吧嘚》的一次机会，好与坏全看我们怎么做。我问她，那我们应该怎么做呢？尚娜说：“我不干涉你，就用你自己最熟悉的方式吧。”紧接着，搜狐CEO张朝阳发了一条微博，承认了《大鹏嘚吧嘚》的片头确实是抄袭。他用了一个词，叫“轻度抄袭”，他说：“我对盗版深度痛恨，并联合美国几大传媒公司打击美剧盗版，希望能弥补一下此片头盗版的小过。”张朝阳的“轻度抄袭”，为我转移了一些猛攻的火力。

说到这儿我想起一件关于张朝阳的小事，他曾经请我吃过一顿饭，那是在希腊。2008年3月的时候，他和章子怡一起到希腊见证奥运火炬的火种采集，我是随队的报道人员，为了展现奥运精神，张朝阳组织我们所有人从希腊的马拉松市起跑，沿着最正宗的路线体验了一次半程马拉松，跑到最后坚持下来的只有四个人，其中就有张朝阳和我。后来张朝阳请我们其他三个人吃了一顿饭，鼓励我们。他说，人生就像乘坐着列车，一直在往前走，他在二十五岁的时候自己跳下了火车，就永远都活在二十五岁了。

一直二十五岁的张朝阳，总是有很多稀奇古怪的想法，所以他才会接受很多稀奇古怪的想法，其实大部分惊天动地的想法在没被证明之前都是稀奇古怪的。我坚信“片头事件”如果不是发生在搜狐这个平台，很可能结局也会不太一样。《大鹏嘚吧嘚》团队开会决定，要针对柯南的吐槽做一期节目，因为我们最熟悉的方式，其实也是柯南最熟悉的方式。

我撤掉了抄袭的片头，直接在节目一开始写上“片头”两个字，然后说：“我是没有片头的大鹏，因为我的片头是抄袭的，被人发现以后我就撤掉了。刚才是我们的新片头，如果我们自己做就只能做成这样。”我针对“抄袭片头”的事儿向柯南道歉，还给他跳了一段Sorry Sorry舞，但是对于柯南说我们是山寨脱口秀给予了还击。节目播出以后，不出所料，我被骂道歉不诚恳，死皮赖脸，其中不乏我欣赏的、很有影响力的意见领袖们。那些刺耳的话，越看越痛苦，但我忍不住老想看。

还有一些人，认为我除了片头，内容也都是抄袭来的，他们甚至从来就没有认认真真看过一期《大鹏嘚吧嘚》，这是我最难过的。当时的我感觉，他们和我是背对背的，都没有面对过，就认定我的模样很丑陋。但是，世界是圆的，我一直向前走，总有一天，会走到他们的眼前，让他们看清。

我坚信，《柯南秀》一定在盯着《大鹏嘚吧嘚》的更新，一定会看到我们的回应，一定会再隔空对话，但是没想到，《柯南秀》的回应竟然是：送我们一个片头。

他们果然又做了一期节目。柯南说他看到了世界上最悲惨的片头，就是黑底上面只写了两个字“片头”，他说他本来还很骄傲自己被别人抄袭了，现在反而有些难过，大鹏看上去是个不错的家伙，舞蹈也不错，那么他愿意送给我一个新的片头，免费给我用。柯南播放了很炫的一个新片头，然后也给我们跳了一段Sorry Sorry舞。

我在电脑前一直盯着《柯南秀》的更新。当我看到他说赠送我们一个片头的时候，我整个人的全部毛孔都张开了，忍不住又蹦出脏话，觉得很爽。我们的回应方式被最著名的脱口秀节目认可了！在看热闹的人都不原谅我的时候，当事人大方原谅，还送了礼，不得不叹他们的娱乐精神和境界，确实值得我抄……啊！不是，是学。

我马上就用上了新片头，还找了一个留学生，把我写好的中文翻译成英文，手把手——应该是嘴对嘴——地教我，用英文嘚吧了一期节目感谢柯南。《柯南秀》送给《大鹏嘚吧嘚》的片头，我们用了一年，直到又一次改版才换掉，我特别不舍得，觉得它是一种见证。事情的起因虽然不光彩，但是结局很美好——至少我认为很美好。

直到今天，仍然有很多人对“片头事件”津津乐道，还有很多人好奇，这是不是两个节目设计好的炒作？我说如果是两个中国节目这样做，咱们可以怀疑，但是美国的节目我们操控不了，被指炒作，他们会觉得是对节目的不尊重。我并不是不想联系柯南，我写了一封道歉信给他，因为觉得节目归节目，对于“抄袭片头”还是要正式道歉。我把道歉信发送到他们官网留的E-mail上，但是一直都没有得到回复。我们的交流，仅限于在节目上。

后来，为我们设计片头的公司和我解释说，他们是从网上下载的素材，并不知道这是抄袭的。我没再追究，之后的片头还是找他们做，他们给打了折。骂我的人们也逐渐平静下来，大家的情绪似乎很容易被引导。当有人站出来挺我，说《大鹏嘚吧嘚》的回应方式得到了《柯南秀》的认可时，板砖依然零星地飞，但是鲜花也有一堆。我开始有了些许知名度，以及一个新的代号：那个抄袭片头的人。

我认了，只要别把“片头”两个字省略了就行。但是每次讲起这个故事，还是挺骄傲的，我是从美国开始红的，呵呵。

09 真心话大冒险

2012年6月，湖南卫视的新节目《新闻大求真》打电话叫我去长沙面试。节目组发给我一个台本，是样片的录制内容。我到了长沙住进酒店的时候，无意中听见隔壁房间有人正在用很标准的播音腔念台本上的话，我当时心里咯噔了一下：原来不只我一个人面试啊。

备胎难免伤感。那天晚上，我像个游客一样，跑去橘子洲头看人，在陌生的城市里假装自己不孤单。

江边有一个流浪歌手，唱得很投入，但是生意不太好。他唱了两首许巍的歌就停下来抽烟了，我很想帮帮他，自己也想过过瘾，就走过去问："吉他可以借我弹一下吗？"歌手同意了。我唱了一首BEYOND的《不再犹豫》，很久没弹，有几个地方还弹错了，也没有人停下来听我，更没有人扔钱。我唱完以后，有些不好意思地掏了五块钱放在他的琴盒里，心想：还是回去背背稿子吧。

等我回到酒店的时候，隔壁的播音腔还在练。功夫也负有心人，后来我被选上了，我还挺心疼他的。

那次试镜是我第一次走进芒果台，门口的武警小哥不让进，节目组的实习生说这是我们的主持人，小哥说："我怎么不认识？"后来我只能拿身份证去办临时出入证。我在《新闻大求真》主持了将近一年的时间，每一次进门都发生同样的对白。芒果台很多武警小哥，到最后每一个我都认识了，但没有一个认识我的，这让我很没有成就感。

《新闻大求真》负责接待我的工作人员是一个实习生，叫晓雯，大学还没毕业。最一开始，我们一起坐车或者吃盒饭，晓雯可能是怕只有我和她，互相不说话气氛会尴尬，就一直问我问题："大鹏哥，你为什么会选择做这一行？""你一路走来的心路历程是怎样的？""在你遇到困难的时候是如何坚持的？"

我不是一个爱讲大道理的人，但是晓雯总是问，我就凑合着答。有一次，我们一起参加长沙当地电视台的一个录影，看到一位主持人因为流程问题训斥工作人员，她当时就傻了，悄悄问我："那位主持人为什么和电视上不太一样？"我说这都是很正常的，谁还没有个脾气呢？她又问："那你为什么不那样？"我说我是不正常的，我除了脾气好也没什么优点了。她继续问："那等你红了以后你也会这样吗？"我说，会的。

她愣了一下，说："那你以后不要对我这样好吗？"

晓雯很爱哭。她总是问我以前的事情，我讲着讲着，她就哭了，别人看到还以为我欺负她了。我说："你别哭你别哭，你毕业以后，有的是机会哭。"她就哭得更厉害了，说不知道毕了业以后还能不能留在湖南卫视，我说她应该高兴才是啊，还没毕业，就能够来这里锻炼，已经很不得了，更何况她还认识了愿意回答她问题的我呢。

她去看我《百变大咖秀》的录影，也会哭。说到这儿，我要狠狠感谢《百变大咖秀》，有一天我突然接到了节目组的电话，邀请我去。我在公司高兴得蹦了起来，我太喜欢这个节目了。后来大咖秀给了我很多种可能，也让我实现了向黄家驹致敬的愿望。

其实，我在《百变大咖秀》上是不自信的，因为同台有太多优秀的艺人了，看着他们的模仿，我觉得自己啥也不是。我和晓雯说过这个困惑，我觉得观众们好像并不很喜欢我的表演，每次一出场，观众们都不鼓掌，越演越心虚，她就说："那我陪你去吧，我在台底下鼓掌。"

结果她哪儿是鼓掌啊！我一边表演，一边看见她站在一个角落里抹眼泪。后来我问她哭什么，她说："大鹏哥，我觉得你太不容易了，明明不擅长，还那么卖力地又唱又跳，还摔跤，太感人了。"我听她说我"明明不擅长"，我都要哭了。

我说："晓雯，你不能总说大实话，虽然我们的节目叫《新闻大求真》，但是有些事情是不能求真的，特别是我们所在的这个行业，很多东西都得会讨巧。"她表示并没有听懂，我就只能说实话。我说："你对咱们节目组里的两个女主持人，总是直呼其名，这是不对的，毕竟她们是主持人，你是节目组的实习生。虽然你们的年龄差不多大，但好歹你叫人家一声'姐'，也比叫名字强。"晓雯眨了眨眼睛问我："那你为什么要和我说实话？”我说：“因为我希望你好啊。”

我希望所有的人都好，我是没有攻击性的存在，我信奉方向，而不是速度，所以温和。这些晓雯都知道，她说她也要像我一样，做一个善良的、真实的人。但是我并不真实，为了不破坏自己在她心目中的形象，绷着也挺累的。

晓雯进电视台实习，并不是因为有关系，也不是因为有能力，而是和我刚到搜狐时的情况差不多，碰巧缺人而已。所以，为了让她找到存在感，在她生日那天，我专门发了一条微博，祝她可以成为一名骄傲且谦卑的电视人。很多人顺着我的微博也送上了祝福，后来她都打印了出来，说这是最好的生日礼物。

晓雯除了接待我，慢慢地也开始接手一些节目的内容，她第一次写稿、第一次外拍、第一次看到电视里播出她拍的东西，都很激动地和我分享，有时候我也会给她一些建议。后来她负责录影的时候在导播间录带子。春节的时候，《新闻大求真》录制特别节目，因为是日播，要录出十期的量。我们从早上十点，录到第二天早上七点，我再赶八点的飞机回北京工作。大概在录到四五点钟的时候，身体就已经受不了了。节目组每一次换道具都需要很长的时间，等道具换好我站在舞台上要说话的时候，导播间传来了晓雯的声音，说是带子不够了，要换带子，让我们等一会儿。

我当时很生气地冲导播间说：“那刚才换道具的时候你在干吗？”

那是我第一次在《新闻大求真》发脾气，对象是晓雯。我都能想象得到，她肯定在导播间哭得不行，但我还是很生气。我觉得任何工作都要讲究方法，大家本来可以更快收工的。

春节过后，我又去长沙录节目，晓雯一直没和我说话。送我去机场的时候，她终于忍不住说了一句："大鹏哥，你还是和别人一样了，我对你挺失望的。"我惊讶地看着她，突然觉得很难过。我难过并不是因为自己一直以来在她心中的完美形象被破坏了，我难过的是她竟然还是这么直接地和我表达她的想法，是不是自己之前的掏心掏肺反倒害了她呢？

我就那样惊讶地看着她，憋了好久才说："你忘了吗？我告诉过你的，不要总说大实话。"

那是我在长沙最后一次看到晓雯。后来她实习期结束就回学校了，毕业以后她来到北京，成为北京电视台生活频道的编导。她在北京安顿下来以后，来搜狐看过一次我录《大鹏嘚吧嘚》，一见到我就哭了，说再也没遇到像我一样和她说心里话的人了。我乐了，说："其实我也不想说啊，你老是问我我才讲的。而且我就不应该对你那么好，整得你还怪不适应的。其实，真心话哪有那么好说啊！每一次的真心话，都是一次大冒险，你不敢保证听的人会有什么反应，所以一定要记住，不要总说大实话。"

不过，我也要谢谢你，听我讲了那么多大实话。

10 《百变大咖秀》冠军的背后

我的办公室里一直放着一把吉他，有时候加班累了，就弹吉他唱歌，唱的大部分都是BEYOND的。

黄家驹是我的偶像，可是当我知道他的时候，他已经离开了。刚一开始，这并没有让我多痛苦，反倒是在《百变大咖秀》第二季总决赛上准备模仿他的时候，我在练习的过程中流掉了一整年的眼泪，似乎才真正听懂了他写的那些歌。那段时间我真的很想他。

和我差不多年纪组过乐队的人，应该都表演过BEYOND的《真的爱你》和《光辉岁月》，那是“标配”，乐队里总有一些人，会模仿家驹的唱腔。我的乐队就是这么选的主唱，后来因为鼓手唱得最像家驹，他就成了主唱。我心想，哪里有鼓手当主唱的事情？我学吉他不就是为了能够站在最前面，拉风地当主唱吗？

没办法，我唱得没有鼓手像，但是这仇后来报了。当唱得更像家驹的贝斯手加入进来时，在我的提议下，我们乐队换了主唱。在小城集安，我的及格乐队开过上千观众的露天演唱会，唱的都是BEYOND的歌。为了弹得更像黄贯中，我还戴了一个他在BEYOND演唱会上戴的那种茶色墨镜。那是和亲戚借的，略有度数，也直接导致我最后变成了近视眼。

我第一次和BEYOND有交集，是在2003年，三子在北京开演唱会，我在长春读大学。有一天下午，三子到搜狐的聊天室和网友互动，我逃课参与，在寝室里拼命打字。没办法，提问的人太多，我一直没被主持人注意到，但还是异常兴奋。那一个小时，是我离BEYOND最近的一个小时，也就是指尖到电脑屏幕的距离，虽然只是网络聊天室，但也算共处一室，在同一个房间吧。

时光飞逝，只是一个回车，我就成了搜狐的主持人，真的有机会和他们共处一室了。后来，BEYOND三子分别带着自己的作品来搜狐做宣传，也许是那时候明星见得也多了，也许是三子都是单独来的并没有合体，我很兴奋，但不紧张，竟然非常“职业”地、平静地把访问做完了。也许偶像，就应该是有距离感的存在吧。

2005年5月，BEYOND举办北京告别演唱会，嘉宾是黑豹乐队，一票难求。我走后门，黑豹乐队的鼓手赵明义把我接到场地里，然后他就去忙了。我一个人，站在黄家强弹贝斯的正下方，在观众席外，在表演区内，就那么近地，仰着头看了一整场演出。那种复杂的心情很难描述，好像我自己失去了观众，也不知道和谁共鸣或倾诉，就一个人孤零零地站在离BEYOND五米近的地方，却比那一年指尖到屏幕的距离，还要更远。

我就那样和没有家驹的BEYOND做了最后的告别，并不感伤。散场时看见门口没有票也唱到哭的歌迷，觉得他们比我还幸福。

所以我经常胡思乱想，如果家驹还在，也许我一样有机会见到他，采访他，没准儿微博里还互相关注着，还有可能和他成为朋友，忽悠他演《屌丝男士》什么的，可我最最关心的是：我还会如偶像般敬仰他吗？

2013年9月，因为工作的关系，我第一次去到香港，我想去看看家驹。

我只有一天能休息，其他时间都在工作，偏巧那一天下雨，给我去找家驹聊聊天这件事又多添了几分伤感。我打了一辆车到将军澳的华人永远墓地，自己走上山。家驹就在十五段六台二十五号，到了十五段，踏上台阶，我忍不住哭起来，一边走一边哭，觉得离家驹越来越近了。

我举着伞，哭得很狼狈，终于挪到了六台二十五号，一抬头发现，竟然还有五个人也站在那里。那么大的雨，我还以为不会有人来呢。我看着他们，满脸的泪；他们看着我，也是满脸的泪。但不同的是，我不认识他们，他们中有人认识我，挺尴尬的。

一聊才知道，五个人也分了三拨儿，有一对是北京的情侣，有一对是西安的情侣，还有一个小姑娘是香港本地的。小姑娘好像经常来的样子，很熟练地拿出自己准备的小礼物，放到了墓碑后面的袋子里，念叨了几句就走了。但是，另外的两对情侣一直站在那里不走，估计和我想的一样，想熬走其他人，和家驹聊聊天。

我们在雨里站了两个多小时，谁都没走。

不能和家驹聊天，大家只能互相聊。两对情侣对我在《百变大咖秀》上的模仿印象深刻，一直问是怎么做到的。我说其实没有任何技巧，不过是在模仿的前夜，终于收到了台湾的许杰辉老师回我的短信。我发短信向他求助怎么模仿已经好几天了，尽管我有把握唱得很像，但是家驹的样子怎么模仿呢？许杰辉回我："我想了很久，觉得你只能模仿他的气质。"大家开玩笑说："许老师这是在偷懒吧？"

我说许老师是对的，我们被家驹吸引，被BEYOND感动，不就是因为他的那种气质、那种精神吗？纯真，坚定，向上，批判但不抱怨，果敢而不莽撞，摇滚又很清澈，有爱并充满希望。

那天晚上的表演我什么都没有模仿，一边唱一边想起当年和我一起唱BEYOND的乐队伙伴，有的在当老师，有的已经下岗，谁还记得他们也曾长发飘扬？

"说过总会有一双翅膀，和你飞到很远的地方，那时候的执着显得多疯狂……"

两对情侣听我讲完《百变大咖秀》模仿家驹的故事，很感动。一个男孩儿掏出了几支香烟，分给我三支，把烟点着插在香炉里，我们才终于没那么尴尬，一起和家驹说了几句话。后来他们分别走了。

我留到最后，期间还来过一个广州小伙子，来看了一眼就离开了，像是一个老朋友，没有什么仪式感，也不需要。我觉得那样很好，自己也突然想明白，不应该再去胡思乱想什么，如果家驹还在，乐坛将会怎样怎样；他自己会怎样怎样；我对他的看法又会怎样怎样……

他没有看到这个世界现在的样子，其实也挺好的。

在难搞的日子笑出声来

four

第4章

关于《屌丝男士》的十个问题

01 为什么要拍《屌丝男士》？

2012年6月的某一天，我在微博上看到一段很短的视频。女主角问自己的父亲："我给您买的iPad用着还顺手吗？"父亲说："挺好用的啊。"一边说一边拿iPad当菜板切菜，给我乐坏了。顺着评论才知道，这个系列叫《屌丝女士》，是德国的喜剧，就赶紧搜出来把全部的八集都看了。

看完以后心情有些复杂。首先是震撼，我从来没有见过这样的表现形式，一个人在一部剧集里演很多的角色，没有主线故事，完全是一个又一个的碎片叠加起来，这样也可以？

其次是反思，那几天《屌丝女士》的其他片段在微博上转发量都很高，我有些自责，自己作为互联网内容的制造者，忙活了这么多年，应该是最了解网民口味的啊，为什么没有想到这样的创意呢？

紧接着闪过的念头，就是要拍一个类似的剧。《屌丝女士》最让我兴奋的，是它验证了一个人在同一部剧里扮演不同的角色是可以被接受的，这解决了我的一个苦恼。

我师父曾经说："你扮演谁都挺像的，就是不像你自己，因为你长得太普通了，不好看也不难看，所以观众很难记住这样一张没有什么特点的脸，反倒是你扮演成其他角色，更容易发挥。”我在《大鹏嘚吧嘚》里总是扮演一个“脸盆帮”的帮主，扎个小辫子，戴个墨镜，说一口港普，很受欢迎。经常有网友留言问我，那个演员是谁。他们竟然认不出那是我，我很郁闷。

看了《屌丝女士》之后，我找到了解决的办法。反正可以像很多人，所以我上一秒还是办公室的白领，下一秒就是算命的老头，观众们也不会觉得突兀，我长得没有特点这个特点在这里反倒成了最大的特点。

有了这个想法以后，我开始尝试说服公司。搜狐视频有自己的网络剧部门，投资了《钱多多嫁人记》、《疯狂办公室》、《猫人女王》等几部网络剧。负责人买了一本网络小说的版权，一直想找我去演。我说：“咱们不妨一起做个类似《屌丝女士》的东西吧，挺讨巧的，因为《屌丝女士》已经证明了这种模式能火。我来写剧本和演出，你来搭拍摄团队，投入不需要太多。”负责人想了想说：“我们……还是继续聊那本网络小说吧。”

我又找到搜狐视频自制节目的负责人王皓，他倒是很支持我的想法，觉得《大鹏嘚吧嘚》节目在稳步提升的同时，可以尝试一些创新。他说就当成节目的衍生品操作，由《大鹏嘚吧嘚》班底自己来做好了。王皓帮我去公司申请了一些资金，我们开始筹备起来。

《屌丝男士》这个名字是我提出来的，完全是一种不自信的表现，想要借《屌丝女士》的光，我觉得一定会有人因为看到《屌丝女士》而去搜索有没有一个男生的版本。所以，如果当时《屌丝女士》被翻译成《疯狂女士》，我们会叫《疯狂男士》；被翻译成《无聊女士》，我们会叫《无聊男士》；就算被翻译成《倒霉女士》，我们也会叫《倒霉男士》的。

事实上，《屌丝女士》德文片名直译过来应该叫《炸弹妞》，我们本来应该叫《炸弹男》的，只是因为当时“屌丝”这个词比较流行，网上的字幕组就这么用了。后来冯小刚导演曾经写过一篇微博，说称自己是草根是自嘲，称自己是屌丝那是自贱，一个是弱势群体，一个是脑残群体。他对于屌丝有自己的解读，他的解读引发了网上的大讨论。好几个朋友都和我开玩笑，说：“你们《屌丝男士》的营销做得太狠了吧，连冯导都替你们宣传了。”

我有一种被打脸的感觉，我甚至觉得冯导说得有道理，用《屌丝男士》这个名字，只是想要和《屌丝女士》对仗，并不是真的觉得合适，但是既然选择了这个名字，就不能也跟着别人一起否定。我希望通过《屌丝男士》，可以改变大家对这个词的偏见，让这个词更加形象化。每当人们想起时，就会想到一个形象，他是一个男孩，长相普通，有些憨憨的，戴个黑框眼镜，做一些好笑的事情。

除了把名字定为《屌丝男士》，我还提出一个想法，也是因为不自信。在《屌丝女士》里，所有的配角演员都是固定的，他们和女主角一样，不停地变换着角色。我觉得如果自己拍的话，其他演员一定不能是固定的，一定要找不同的明星来客串。《屌丝女士》的女主角在德国已经是大明星了，我和她不一样，不会有人因为我来看这部戏，必须得有真正的明星才行。

还需要解决的一个问题是剧本。《屌丝男士》每一季都需要一百五十个左右的桥段，对数量和质量的要求都很高，只靠《大鹏嘚吧嘚》团队是没有办法完成的。我最先想到的是微博上的段子手们，我们现在经常说的很多笑话和流行语，都是他们写的。我很早就在微博上关注了他们，但是和我互粉的不多，因为我有“抄袭”国外片头的前科，而抄袭这件事对于崇尚原创内容的他们来讲，是最忌讳的。

我就挨个儿给他们发私信，说自己要拍一部类似《屌丝女士》的短剧，希望大家可以一起合作，还在私信里解释了以前“抄袭片头”的事情。我们现在的主笔李亚是第一个回信的，大概是在午饭的时间。当天下午三点，我和我的团队就出现在了他公司楼下的咖啡店里。我们聊了很久。后来我又陆续拜访了一些段子手，有一位还住在外地，挺感动的，说：“你给打个电话不就行了吗，还特意赶过来。”我说这样做就是想让他知道我们做这件事情的决心啊。我挨个儿说服，到项目启动的时候，固定的编剧阵容已经有六个人了。

德国的《屌丝女士》是翻拍自法国的系列喜剧，所以有很多桥段都是现成的。《屌丝男士》的桥段都是原创的，因为我们不是翻拍，只是借鉴了她一个人扮演多个角色的碎片化表现形式。播出以后，还是有人说我抄袭，我都被骂习惯了。后来我把拍好的第一季内容，通过翻译《屌丝女士》的字幕组邮寄给《屌丝女士》的女主角玛蒂娜·希尔（Martina Hill），没想到她还给我们回了一封信，鼓励我们。继柯南之后，我又多了一个心宽的外国朋友。

《屌丝男士》的拍摄团队，完全是《大鹏嘚吧嘚》的班底。除了我曾经在电影里跑过龙套，他们中的大部分人都没有拍摄影视剧的经验，从联系场地、布置场地，到现场打板、做场记，再到订盒饭，这些新鲜的体验都让大家充满动力。《屌丝男士》的摄影师就是《大鹏嘚吧嘚》的摄影师，剪辑师也是《大鹏嘚吧嘚》的剪辑师，我们外请了灯光和录音团队，开拍之前开了无数的会。统一了拍摄风格之后，2012年8月17日，在北京的奥林匹克公园，《屌丝男士》进行了第一次拍摄。

现在，《屌丝男士》已经登陆了英国和北美的卫视频道，在全世界的很多地方都可以看到。有国外的媒体说，这部剧的意义在于让全世界看到了中国人的幽默。我不太喜欢扣帽子，才没有那么伟大呢！为什么要拍《屌丝男士》？还不是自己想红嘛。

02 怎么会请到那么多的明星？

《屌丝男士》第一次开机，没有一个明星，我们拍了公园和办公室的场景，和我搭戏的都是我的同事，算是一个样片。我把样片拷到手机上，逢人就给人看，告诉他们这到底是一个什么东西。搜狐有专门的艺人关系部，他们也会带着样片，去拜访各大经纪公司。但是，因为样片里没有明星，所以一开始，邀约是很困难的。

我就只能从自己身边的好朋友下手。柳岩和李响，抱着扶贫的心态，是第一批答应参演的明星。柳岩为了我牺牲了女神的形象，李响带着我去《职来职往》砸场。有了这些内容，我们慢慢有了些底气去说服其他人。

除了主动邀请，我还抓住一切机会去"蹭明星"。有一天下午，孙俪来搜狐做访问，我临时想了一个桥段，既能在休息室完成，还不能太麻烦她，就干脆让她演自己，我演一个求合影的粉丝。那段时间《甄嬛传》正火，我想要是穿上皇帝的衣服去合影肯定有喜剧效果，就让同事赶紧打车去北影厂租服装。

其实，那会儿我还不认识孙俪，可是我认识她的老公邓超。我们有一个篮球队，叫HIBA，经常在一起玩。我厚着脸皮给邓超打了一个电话，说想让他媳妇帮我录个节目的片段。我都没敢说是拍个短剧，因为就连自己都觉得不合适，让孙俪来给我客串一个剧？会挨骂吧？我绕着弯子说，邓超很爽快地就答应了。我当时挺矛盾的，一方面觉得特别不好意思，好像是利用了朋友；一方面又窃喜《屌丝男士》里多了一位大腕。

说到这儿我想插播一个HIBA的故事。有一次我们到上海打比赛，对手是余文乐领衔的香港横洲工业队。我因为膝盖受伤上不去场，好吧，实话是就算我没受伤也上不去场，就和邓超说："你披上我的球衣，替我去场上拿分。"邓超当时眼眶就红了，说："你这么煽情干什么，你以为我能上场吗？"哈哈，插播完毕。

继续说"蹭"拍孙俪的事，那是她拍完《甄嬛传》以后，第一次再演戏。她说听我喊"Action"时，竟然还有点小紧张呢。我们大概演了两遍就收工了，这个桥段从创意到拍完，还不到一个小时，但是对于《屌丝男士》的意义特别大。至少下次再请明星的时候，我可以说，孙俪都来演了呢。

还有一次"蹭明星"的经历让我很难忘。有一天我被安排去一个酒店访问吴奇隆，我又起了邪念，可不可以顺便拍一下《屌丝男士》呢？于是就有了吴奇隆叫我帮他修电视，我自己演起了《新白发魔女传》的桥段。我觉得这样也可以帮他的作品做宣传，但是剧组的工作人员直接拒绝了我，他们说吴奇隆是绝对不会同意出现在一个网络剧里的，更何况剧的名字还叫《屌丝男士》，我们想都别想。

我软磨硬泡了好几次，他们的态度都很强硬，我挺受挫的。其实在小虎队重聚那一年的春晚，我是全程跟拍的视频记者，我想吴奇隆应该会记得我，就决定绕过工作人员直接和他本人说。

剧组只给我们半小时的采访时间，我们提前准备好所有道具，反复试了好几遍机位。当吴奇隆准时出现的时候，我斗胆和他讲了我的想法，想用二十五分钟做采访，剩下五分钟拍《屌丝男士》。我向他“哭穷”，说这部戏是我自己制作的，朋友们都来帮忙，很希望他也能够出现一下，而且剧情也和《新白发魔女传》有关系。吴奇隆人很好，说没问题啊，他旁边的工作人员脸都绿了。

我不仅“蹭”国内的明星，还“蹭”国外的，美剧《吸血鬼日记》里的男主角伊恩·萨默海尔德就是“蹭”来的。最初的时候，他的剧本是我给戏里面演他弟弟的演员保罗·韦斯利准备的。有一次保罗到搜狐参加活动，我临时写了一个关于学英语的剧本给到他的经纪人。经纪人和我说，他们在中国的行程是出发前就已经定好的，没有办法临时加进来任何工作，除非早一些打招呼。我就恬不知耻地问人家，那下次谁会来啊？经纪人说，过几天伊恩会来。我说，那这个剧本就留给伊恩吧，这样就算打过招呼了吧？

其实，我并不是一个厚脸皮的人，也不太愿意麻烦别人，但是为了

《屌丝男士》，我干过不少这样的事儿。不过这些都是“蹭明星”成功的案例，更多的时候是不成功的。我们写好了剧本，等了很久，最后没能拍上的明星比拍上的多得多得多，只不过大家不知道罢了。

“蹭”这件事儿现在已经不做了，毕竟临时抓拍的效果和正常拍戏要差很多。那时候是请不到人，没有办法，现在情况已经好了很多。除了“蹭”，我们还想了很多合作模式，去吸引明星。

比如说林志玲，她主演了一部电影叫《101次求婚》，我们就和电影公司商量，可不可以邀请林志玲出演《屌丝男士》，我们的桥段围绕求婚进行，算是《101次求婚》故事以前女主角的经历。我们写了十几个桥段给电影公司选，最后他们选了其中的三个，于是拍摄《屌丝男士》就成了林志玲电影宣传的一部分。我们绕过经纪公司，直接与电影公司合作，让电影公司帮助我们说服艺人，这样我们得到了明星，电影得到了曝光，两全其美。

后来拍摄吴秀波和汤唯也是类似的情况，他们以《北京遇上西雅图》的组合出现在《屌丝男士》里。不同的是，吴秀波本人的积极性相当高，他是非常幽默的人，也看过《屌丝男士》，还拿着我们的片段去给汤唯看，帮我们请汤唯。在拍摄现场，吴爷自己也有很多想法，从地上捡起“贞操”这个桥段，就是他想的。

总的来说，《屌丝男士》里的明星，有一部分是我的朋友，他们为了帮助我而加盟；有一部分是我不择手段“蹭”来的，他们稀里糊涂就上了船；有一部分是我们主动邀请的，我们用已经参演的明星阵容，向他们证明了我们的实力；还有一部分是通过合作争取来的，我们互换了资源，各取所需。后来拍着拍着，明星越来越多，《屌丝男士》也从《大鹏嘚吧嘚》的栏目剧，上升为整个搜狐的大事件，公司上下都在动用资源帮我去请明星，也有明星自己带着剧本主动要求参演的。所有的这些明星，都有一个共同的特点：没有片酬。

没有买卖，就没有伤害。明星们都只有简单的妆发费，没有片酬。我一是给不起，二是不知道给多少是合适的，只能和每一个人都说：“情债肉偿，如果有一天你们需要我，我一定顶上。”

我还会用一些具体的工作方法，来确保大家拍《屌丝男士》是轻松和愉快的：明星到场之前，我们自己会先反复走位彩排，这样就可以用最快的时间完成拍摄；他们的剧本也都是自己选的，我们会提前给十几个剧本让他们随便挑，这样拍摄的内容就都是明星们喜欢的了。

《屌丝男士》受欢迎，有一个很重要的原因，就是观众们在这里看到了明星们不同于传统影视剧的另外一面。我特别感激他们每一位的付出，也希望你看到这里时，再一次为他们的娱乐精神喝彩。

我的感谢名单，还在不断加长，按照剧集里的出场顺序，他们是：

柳岩、孙俪、赵铭、杨璞、何云伟、李菁、李健仁、司马南、沈腾、许楚涵、于莎莎、乔杉、吴奇隆、周维克、李响、不加V、许维恩、李亚红、修睿、李代沫、梁超、邹市明、许可嘉、弦子、吴莫愁、刘心、吴志雄、小颖子、杜奕衡、孟茜、郁可唯、吴孟达、骆达华、何亚萌、王程、韩寒、汤唯、蓝燕、吴秀波、马丽、贾玲、李晨、邓超、俞白眉、冯溪、伊一、王学圻、王小虎、黄艺馨、林志玲、潘斌龙、王迅、姜涛、吴思凡、方龄、杨幂、王学兵、宫睿、MC石头、杨大鹏、温兆伦、郭梦苒、袁成杰、徐海星、伊恩·萨默海尔德、于嘉、张一鸣、肥龙、冯裤子、董丽范、波多野结衣、王小利、肖旭、Makiyo、拓也、曹然然、叫兽易小星、冷碗碗、文章、任重、谢孟伟、黄健翔、唐金、于洋、盛君、黄百鸣、苑琼丹、吉泽明步、黄海波、约翰尼·盖尔克奇……

03 屌丝女神为什么是柳岩？

《屌丝男士》系列除了我，唯一的贯穿人物就是柳岩，为什么她会成为屌丝女神呢？都是因为那一个原因。哦，不对，是两个原因，哈哈。

别乱想，我说的两个原因，一是她身材很好，符合我对女神的形象设定；二是她很努力，我仿佛看到了女版的自己。

有这么夸自己的吗？

2006年，腾讯做了一档网络节目，叫《美人直播》，里面有一个主持人叫Ada，梳一个齐刘海，跳舞很漂亮。我经常看她的节目，除了要刺探竞争对手的军情，我也确实挺喜欢她的。查了一下资料才知道，Ada的名字叫柳岩。

我们第一次见面是在2007年，我和谢楠一起演《我要成名》那部话剧，柳岩去捧场。结束以后谢楠介绍我们认识，我直接和柳岩说："我看过你的节目，很喜欢你。"谢楠捶了我一下说："你别把人家给吓着了。"柳岩礼貌地笑了一下，没有接下茬儿，她和谢楠聊了一会儿就走了。我再一次见到她已经是两年以后了。

2009年，我在山东卫视主持《不亦乐乎》，有一期嘉宾是柳岩，同时还有一个点穴大师。导演提前一天就和我们几个主持人打了招呼，要我们在场上和点穴大师互动，被他点穴。我一听就怂了，不知道被点穴是什么感觉，一宿都没睡好觉。

录到点穴环节的时候我才知道，那根本不叫“点”穴，而是“打”穴。大师攥着拳头，往胸口那么一打，被点的人立刻就瘫倒了，我觉得倒也未必是被点到了什么穴位，而是给疼的。第一个被点的人是大冰，当时他就倒在地上说不出话了；第二个被点的人是台湾主持人洪诚阳，他捂着肚子蹲在地上，表情相当痛苦；第三个轮到我，我吓得满场跑，观众们很开心，但我并不是想要做什么节目效果，是真的很害怕。后来我被大师的徒弟抓住，也被打了一拳，胸口好像被塞进一块大石头，阻断了气血的循环，下半身立刻就没知觉了，喘气也变得很困难。大师赶紧在我的后背上敲了几下，把“大石头”敲出去。

就在这个时候，柳岩突然说：“大师，我也想感受一下被点穴是什么滋味。”我当时就惊了，因为导演之前说过不让女嘉宾试，流程里也没有这个环节。柳岩自己主动提出来，大师也有一点儿蒙，估计是对稿子的时候没有对过这个部分，他不知道怎么办，就摆摆手说：“不行不行，我不能对女人下手，我不能点。”但是大师随后又说：“我不能点女人，不过我媳妇可以。她今天也来了，让她来点你吧。”

现场立刻就沸腾了，导演也没有想到会有意外收获。从观众席里走上来一位中年妇女，是大师的媳妇，她也是一位大师。她让徒弟们抓住柳岩，然后攥紧拳头朝柳岩的胸口打了一拳。柳岩的表情马上就变了，我看到她很努力地在忍着不想叫出声，疼得直冒汗，就从地上爬起来去扶她，发现她还挺沉的，大师的媳妇也赶紧绕到她背后给她解穴。

柳岩缓了一会儿继续录影，她笑着说刚才好像体验了一把生孩子。她的描述绘声绘色，刚刚还满场逃跑的我，看着她有一种说不出的感觉。

录影结束以后，我问她，为什么要被点啊？她说：“这样才有画面啊，要争取上每一个节目，都留下一些画面，观众们才会记住你，否则就白上了。”但是，她的画面还是没留住。节目播出的时候，她被点穴的那一段被剪掉了，导演说把美女点瘫了太残酷了，观众们会受不了的。

我挺心疼她的，罪算是白遭了。我和其他主持人在后台聊起这件事，从他们那里，又听到了更多关于这个女孩儿的故事。我才知道原来她是因为妈妈生病，才去参加主持人比赛的，想要赢取奖金给妈妈治病；她第一次主持，就出了状况，当时嘉宾是陈凯歌导演，柳岩问：“如果您的《无极》票房不理想怎么办？”陈凯歌导演很愤怒，说：“我的片子还没播你就说这样的话，你是怎么当主持人的？”柳岩哭了好几天；还有一次也是山东卫视的节目，柳岩在酒店准备出发去电视台录影的时候，被通知临时换了别的女主持人，她顶着大浓妆，一个人边哭边收拾行李，拎着箱子就回北京了。

那时候我对她的感觉，既熟悉又陌生。熟悉的是她经历的那些事情，我都很有共鸣；陌生的是她有一些冰冷，我不太敢和她说话，我们甚至连电话号码都没有留。

2010年，我在沈阳主持《明星转起来》，柳岩带着她的新歌去上节目。那是一首快歌，需要又唱又跳，但是她好像身体不太舒服，彩排结束以后，她一个人坐在舞台边上发呆。我也在发呆，因为没自信，每次主持《明星转起来》之前，我都要心理建设很长时间。我们在舞台的两侧，突然看到了对方，有些尴尬地笑了一下。我想起自己满场逃跑，她却主动要求被点穴的事情，突然就有了力量。

我是说有了去要电话号码的力量。

回到北京没几天，她就发短信，说自己要过生日了，邀请我去参加她的生日派对。我特别高兴，这样是不是就证明我们成为朋友了呢？那是我第一次参加明星的生日派对，还特意打扮了一下，结果一到现场我就败了。满屋子的帅哥美女，我在里面相当不起眼，而且人又多，很容易就踩到别人的脚，然后抬头一看是著名的主持人或者演员。

我坐在房间的小角落，看着柳岩忙前忙后地招待大家，一整晚都没和她说上几句话。我买的生日礼物，一条小项链，被淹没在礼物盒子堆成的山里。我很失落，好不容易交到一个像她一样的朋友，结果她却有这么多像我一样的朋友。

后来柳岩说，她也不太想办这样的生日派对，但是大家都那么忙，很多朋友每年只是因为生日才能聚到一起，与其说为自己过，还不如说为大家过。第二天，她戴着我送给她的小项链，拍了一张照片发给我，我心里总算好受了一些。

柳岩对朋友挺好的。我曾经有一个想法，想做一张唱片，邀请各个领域的名人帮我写词，我自己写曲。柳岩是第一个交稿的，我电话里和她说了这个概念以后她就上飞机了，下了飞机她马上发过来一首词，叫《绝口不提》。她用了两个小时就写完了词，我谱曲花了一年的时间。

我觉得她写的东西很特别，但是因为她走性感路线，大家关注的焦点更多停留在她的表面，她自己竟然也看得挺开的。有一段时间我在《大鹏嘚吧嘚》里总是提到柳岩，这都是有预谋的铺垫。换成别的女明星，我不敢保证她们不会生气。铺垫了一年多，柳岩在第四百期《大鹏嘚吧嘚》的时候，真的出现在演播室，观众们都觉得特别过瘾。其实，我在一年多以前就和她打好了招呼，我特别感激她愿意配合。

我要拍《屌丝男士》这件事儿，柳岩也是第一批知道的人。她那段时间特别忙，一直在全国各地飞。我说："你一定要来，因为屌丝男士需要你这样的女神。"她说："我一定会来，因为你张罗一部戏也挺不容易的。"后来她挤出一个晚上的时间，我们拍了在一起吃饭的桥段。有一场戏需要我们在桌子底下互踹，她说光踹还不过瘾，还要我扯她的头发把她按到菜里才好笑，我说不用这么狠吧，她又说了当年的那句话：“这样才有画面啊。”

到了《屌丝男士》第二季的时候，柳岩自己提出来想演接地气的小人物，我给她想了一个洗脚妹的角色。她用长沙普通话讲述着自己的生活：“我来北京都三年了，一直在这里给人家洗脚，也没赚到什么钱，钱都让老板分了，家里面还要靠我养，也没办法，谁叫我小的时候读书不努力呢。要是努力的话没准儿还能考上大学，像我这样的长相，没准还能当个女明星呢。”我看着她讲这些话，想到她的那些事情，竟然演不下去了，她的化妆师也在旁边抹泪，拍喜剧拍到哭，这是头一回。

她还有一次让我特别感动。在《屌丝男士》第二季发布会的时候，我说：“很谢谢你，愿意帮我。”柳岩说：“其实是我应该谢谢你，没有屌丝，哪有女神？”

挺巧的，写这篇文章的时候，屌丝女神马上又要过生日了，我正好可以把这篇文章当成生日礼物送给她，过得还真省。她不打算办生日派对了，觉得又老了一岁，但是如果有许愿，我的愿望是希望她的愿望统统实现。

我看了挺多她最近的访问，越来越像个女强人。我总觉得女孩儿应该适当地示弱，做什么事情都那么坚强，会有一种距离感，但是这话我不敢告诉她，就写在这里吧，她应该会看见的。祝你幸福，别让自己太累了。

04 到底是谁在背后帮你？

我一直有一个想法，想要去到大家都熟悉的很多电视节目里，录一些好玩的视频，不算是那个节目的内容，但是可以用在我的节目里。筹备《屌丝男士》的时候，我把这个想法告诉了李响，响哥说："那就从我的节目开始吧。"

我去《职来职往》相亲这个创意是响哥提出来的。这件事只有他和我还有节目制片人，以及和我们搭词的几位达人知道，现场的观众和工作人员都以为我就是一个普通的求职者。我在后台和真正的求职者们一起候场，上场之前，他们还给我打气加油，说祝我成功。欺骗了人家的感情，我觉得挺不好意思的。

如果没有响哥帮我，就不会有屌丝男士大闹《职来职往》的这个桥段。在《屌丝男士》的拍摄过程中，响哥还给过我很多支持，包括写这本书，也都是响哥的鼓励。我一看他都写书了，也就好意思了。

我们俩是好朋友，我很喜欢和他吃饭聊天，因为从来不用买单。我有什么心事也都愿意和他分享，我们一起经历了很多事情，最肉麻的一次，是2012年底的《大鹏剧场秀》。

我的第一次剧场秀，是在2011年的夏天，那时候《大鹏嘚吧嘚》的演播室搞装修，我们就干脆搬到剧场里去录，邀请了很多观众，结果现场效果非常好。到了年底，就变成了售票演出。我们从几百人的小剧场，演到上千人的大剧场，每年都办，成为一个脱口秀演出品牌。但是在2012年底，我们遇到一些困难。

因为剧本的原因，那次剧场秀的演出批文下来得很晚，没有演出批文就没有办法卖票。我看着空空的座位图干着急，满嘴大泡，响哥都看在眼里。直到演出前的三天，批文才下来，没想到两场演出两千多个座位，最后还是坐满了。响哥看了首场演出，我唱歌的时候就他蹦跶得最欢，用笨拙的舞姿在台下带动观众气氛。

演出结束后，他到后台找我，远远地就张开手臂，满脸的泪，一边摇着头一边过来拥抱我，嘴里嘟囔着“兄弟你太不容易了，太不容易了，太不容易了”，我也抱着他嗷嗷地哭出声来。现场的工作人员都愣在原地，也不知道该怎么劝我们，我们就那样抱在一起哭了好几分钟，现在想想实在是太肉麻了。

响哥在《屌丝男士》里出现过好几次，大部分时候都是没有台词的。他虽然演技浮夸，但是不挑拣角色大小，任劳任怨，值得表扬。像响哥一样的朋友们，给我拍摄《屌丝男士》提供了极大的帮助，他们或者出人，或者出力，或者出创意。李晨还帮我出了T恤，最关键的是还不让我给钱。我特别感动，早知道就多要点了。

除了朋友们，整个《大鹏嘚吧嘚》团队的付出，也是《屌丝男士》顺利拍摄的关键。他们经常起早贪黑，操着娱乐圈的心，赚着互联网的薪，大家互相鼓励着，走在让我致富的大路上。他们中跟在我身边时间最长的人是菜花。

有一年，我在公司内部搞了一次《大鹏嘚吧嘚》龙套海选，场面很热闹。没想到一群IT男女，竟然还会变魔术吹笛子练太极。我记录下来一些有特点的同事，说以后录节目有需要的话会找他们。菜花就是其中之一，她的特点是：牙不齐。

我觉得她很有喜感，一张嘴就露出豁牙，就经常找她演一些短剧，但是我从来没告诉她为什么。那时候她还没毕业，在其他部门实习，陪一位同学来试镜，结果同学没选上，她倒选上了。她毕业以后，实习的那个部门没有名额，留不下来，我就让她加入了《大鹏嘚吧嘚》。她经常说自己是搜狐实习生的传奇，一毕业就入职了。她很感激我，其实我真的只是因为她长得很有喜感才留下她的。

结果她一入职就戴上了牙套，到现在已经没有什么喜感了，反倒是越来越漂亮。

菜花很爱哭。最一开始，工作没做好，我一说她她就哭，弄得我就不好意思说了；我们搞庆功，每次让工作人员上台她都会哭；办《大鹏剧场秀》，每次谢幕的时候她也哭。她哭得最厉害的一次是在鸟巢，五月天的演唱会。她很喜欢他们，攒了几个月的钱，结果在门口买到了假票，就和同样也买到假票的一帮陌生人在鸟巢外面哭了好几个小时。第二年我找了两张真票，带着她一起去看了一场五月天。

拍《屌丝男士》的时候，菜花负责帮我接待艺人。有一位大经纪人要求必须签合同，我就让菜花和她签，但是大经纪人可能觉得菜花只是普通工作人员，身份不对等，就在电话里说了一些很难听的话，菜花打着打着电话就哭了。我说："你要专业一点儿，这一行里什么样的人都有，你要从自己的身上找原因。工作归工作，你哭什么？再说了，人家会无缘无故就生气吗？"菜花听我这样说，又哭了。其实我特别心疼她，但是很想让她得到一些锻炼。

合同的签署过程不太顺利，对方不停地要求修改合同，我经常听到菜花在电话里和大经纪人道歉，有一次大经纪人还说："你们这样一群人能拍出什么东西来？我们答应去就已经很给搜狐面子了。"菜花就捂着嘴哭，怕对方听到声音。挂了电话，菜花问我："咱们一定要那个明星出现吗？"

我说："一定要，因为他合适，你以后就会知道这些苦肯定没有白受。"我说我会给她报仇，以后那位经纪人的艺人绝对上不了《大鹏嘚吧嘚》，咱们封杀她。菜花说别了别了，又不是艺人的错，只是经纪人不好搞罢了。

很多艺人，都会被不专业的经纪人连累。后来菜花成了我的执行经纪人，因为我很信任她。她现在很少哭了，也成熟了。最近一次哭是在拍一个病毒视频时，我被弄得浑身是水，还要在浓烟里说台词，后来被呛得实在不行，就跑到楼道里咳嗽，她看着我的惨样就哭了。我说别哭别哭，咱这不是赚钱了嘛。我越劝她越哭，一边哭一边说，咱一定会越来越好，以后不受这样的气了。

《大鹏嘚吧嘚》团队里的所有成员，都和菜花一样，了解我，信任我，帮助我。他们把自己很放心地交给了我，我也把自己很放心地交给了他们，和他们在一起工作我特别踏实。

我还有一群很喜欢我的观众朋友，他们也是我的坚强后盾。我不太习惯用“粉丝”这个词，总觉得怪怪的，他们同样不会把我当成“偶像”，而是邻居家的大哥哥。忘了从什么时候开始，因为我脸大，他们自称是“脸盆”。

《屌丝男士》第二季首映礼的现场，去了很多“脸盆”。我走上红地毯的时候看到那么多人，都惊了，何德何能啊！红地毯很长，我能看清他们每一个人的脸，就好像参加自己朋友的庆功宴一样。他们的表情很骄傲，里面有许多叫得上名字的熟悉面孔，很多活动他们都会参加，见证和分享我的每一步台阶。还有一些新面孔，也像是认识了很久一样，目光中带着默契，给我力量。其实每一次看到他们的留言，说些对节目的肯定，我都觉得特别有动力，否则真的也说不服自己为什么要坚持。

05 拍摄现场好玩吗?

我不认为自己是一个好笑的人，也不知道是你们误解了我，还是我误解了自己。我一直都觉得自己是文艺小清新呢，呵呵，不许笑。

我觉得《屌丝男士》好笑，也不是因为我好笑，而是编剧们和参演明星的功劳。我们的拍摄现场很开放，大家有什么想法都可以提出来，相当欢乐。

有几次拍摄中我不得不清场，只留下摄影师、录音师和演员，因为工作人员在旁边看，会笑出声。我的编剧苏彪经常笑到趴在地上，他捂着嘴，肩膀不停抖动，跟哭似的，那样子比我们拍的内容还好玩儿。对了，苏彪在网上的名字叫“没空抽风儿”，我一直建议他换个认真一点儿的网名，他说不换，这个名字容易涨粉。他太天真了，花点儿钱去淘宝才是最快的涨粉方法。

清场的情况大多发生在我和乔杉一起拍的时候。乔杉太好笑了，他的样子，不说话就够我笑一下午的了。我们一起拍的足疗系列，在《屌丝男士》里算是很经典的桥段。那些对白都是乔杉即兴发挥的，每次拍说得都不一样，我刚适应了上一遍的台词，努力控制住自己不笑场，结果他又蹦出新的花样。工作人员笑趴下一地，我只能让他们出去，否则就没办法拍了。

也有因为演员笑场没办法拍的时候。《屌丝男士》第二季里，我和黄艺馨演了一个“老司机”的桥段。我变身为愤怒的“老司机”，一边开车一边骂人，马景涛附体，状态很癫狂，逗得黄艺馨一直笑。我开着车从中关村骂到朝阳公园，然后再调头一路骂回来，骂一遍他笑一遍，始终也拍不完。后来我说：“兄弟啊，实在不行，你就当我是在骂你吧，咱得赶紧拍完啊，我怕这么一直朝窗外骂，会有人停下车来揍我们。”黄艺馨只好把头扭过去不看我，咬着嘴唇强忍着。那一条拍完以后，我的嗓子已经说不出话了。

那不是NG次数最多的一次，《屌丝男士》第三季里面我和Makiyo有一场搭讪的戏拍了三十三遍。那也不是我拍得最辛苦的一次。最辛苦的是“你有血光之灾”那场戏，我扮演一个算命先生，给道士算命，告诉他有血光之灾，结果道士不信，我俩就打了起来，把他打得头破血流。那天我们一共打了十一次，两个人满地打滚，我总觉得不够真实，就一遍遍重来，一直打到没有力气。

演道士的人叫野狼，是我在北影厂门口找到的演员。北影厂的门口常年都有好几百个“下一个王宝强”，野狼就是其中之一。他专业跑龙套，兼职捡瓶子，我觉得他的形象挺适合的，就找他演了那个道士。《屌丝男士》播出之后，野狼成了北影厂门口的红人，经常有人找他拍戏，他再也不用捡瓶子了，有时候坐公交车还会被别人认出来，他很开心。

拍《屌丝男士》第三季的时候，我又找了他。那几天他正在郊区拍别的戏，一听到是我，说什么也要请假过来。我说那算了吧，我们第二天早上五点就开工，怪折腾他的，结果他还是来了。他半夜两点就从郊区出发，一开始打不到车，还跑了一段路。他说我帮过他，所以只要是我的事情，就一定要来。

可惜那天还是打戏，我们两人演大侠，他又被我打了好几遍。

我在《屌丝男士》里也挨过几回打，印象最深的是被马丽扇巴掌。她不忍心，刚开始扇得很轻，好像在摸，我就劝她，为了喜剧效果一定要真打。她铆足劲试了一下，效果特别好，但是打完她就笑场了。她说我的脸蛋子当时就肿了，肉也在抖，眼泪都飞出去了，她实在是忍不住了。后来我顶着半边大肿脸又被扇了几遍。就凭那天练就的绝技，马丽以后一定是个好媳妇。我很喜欢马丽，她很漂亮，还舍得搞怪演喜剧，这很难得。如果有人拍中国版的《屌丝女士》，她会是绝佳的人选。

《屌丝男士》里还有很多大家不知道的小秘密，比如蓝燕和我打台球的戏，其实我用不同的女演员，拍了很多个版本。这可不是给自己谋福利，我对于什么类型的女孩打台球最性感吃不准，所以就都拍了。

还有伊恩·萨默海尔德教我说的英文单词，原本剧本上写的是“hamburger”，但是伊恩说自己从来不吃汉堡包，汉堡包是垃圾食品，也不希望大家吃，他就自己改成了“alligator”，特别认真。

还有我师父，其实他私底下给了我很多拍摄建议。最开始我拿着样片给他看，他竟然在屋子里站起来，把我的角色用自己的方法又演了一遍，很可惜赵本山版的《屌丝男士》只有我一个人看过。

《屌丝男士》里聚集了太多好玩的人，有影视演员，有二人转演员，有相声演员，有小品演员，每个演员对于“搞笑”这件事，都有自己的理解。我最大的成就感就是，把一群表演风格完全不同的人，统一在了同一种喜剧风格里，我也从他们的身上学到了很多。

但是，我依然不承认自己是一个好笑的人。

06 韩寒为什么会出现在《屌丝男士》里？

我和韩寒的第一次约会挺浪漫的。我们在一个饭店的包厢里，吃着吃着，突然没电了，房间里一片漆黑，服务员也不见了。我们各自用手机照亮眼前的世界，继续吃。

在那之前，我们应该算是……网友。大概两年前，在我的微博每天只增加十几个粉丝的时候，突然有一天，我在粉丝列表里看见了韩寒的名字。我吓了一大跳，搓了半天手机屏幕，在确认“韩寒”那个名字是擦不掉的以后，赶紧截了张图，生怕他跑了。

我很喜欢韩寒，他的每一本书我都看过。我不知道他为什么要关注我，被盗号了吗？平静下来以后，我试探性地给他发了一条私信：“难道这就算是被韩少临幸了吗？”我特意挑选了一种看似满不在乎的调侃语气，其实紧张得不行。私信发完以后，我盯着屏幕看了半天，他没有回我。

过了十几天，韩寒才回了我一个“呵呵”的表情，原来我的私信是从北京骑自行车去的上海，用了那么长时间。但是不管怎样，韩寒和我互动了，我特别开心，很想发到微博里显摆一下，不过考虑到韩寒已经是我的粉丝了，他肯定能看到，怪不好的，就没发。

我觉得应该回他点儿什么，不应该让聊天中止在人家的回复里，很不礼貌，但是又不知道回什么，想了半天，打出一行字："可不可以请你到《大鹏嘚吧嘚》来做嘉宾啊？"我当时想，反正也不熟，就豁出去碰一把，没准行呢？这一次我的私信是走路去的上海，很久很久以后，韩寒回复我："可以啊。"

于是就有了我们那一次浪漫的约会，那是我第一次见到韩寒本人。我重点看了一下他的身高，和我差不多。后来在《屌丝男士》里，我穿的就是他的赛车服，很合身。韩寒挺可爱的，说话很有趣，时不时就冒出一句经典语录，有时候还会害羞那么一下，多亏我是个男的。韩寒说他挺喜欢看《大鹏嘚吧嘚》的，被自己喜欢的人说喜欢，特别幸福。

我反悔了，又不想让他上《大鹏嘚吧嘚》了，因为我得寸进尺地打起了让他来《屌丝男士》的主意，他竟然也没拒绝我。从来没有演过任何影视剧的韩寒，为什么没拒绝我？我也不知道。关于《屌丝男士》的很多问题，都有正确答案，唯独这个问题，我不知道。

我写了几个剧本让韩寒选，他挑了给赛车贴黄瓜做保养的那个；他自己还想了一个剧本，就是让我帮他推车的那个。其实，他的疯狂想法挺多的。他有一个"人肉安全带"的创意，说想拍出来提醒大家要安全驾驶，内容是他发现车的安全带坏了，就让我当他的安全带，我需要从后面抱着他，腿也盘在他身上。聊到这个创意的时候，我们俩还特意试了一下，我从后面抱着他，腿也盘上去，你们可以脑补一下这个画面。可是等到后来想要拍的时候，发现在车里那个姿势根本就拍不出“人肉安全带”的感觉，只好放弃了。

《屌丝男士》里韩寒开的车，就是他的六号赛车。拍摄场地是他的车队帮我们联系的，车队经理叫叶勇，人特别好，他说机会难得，一定要我坐到赛车里感受一下，还让技师给六号赛车装上了副驾驶座位。韩寒带着我跑了一圈，说实话，挺难受的，我在车里被甩来甩去，吓得嗷嗷叫。韩寒看着我说，这还没起速度呢。

其实，韩寒在赛道以外开车挺慢的。有一次在上海，他开车送我回酒店，我觉得他开得都没有我快，而且特别规矩，还被后面想要超车的人用大灯晃了几下。挺有意思的，晃大灯的人并不知道，他晃的可是韩寒啊！原来赛车手在生活里并不开快车，就好像喜剧演员在生活里大部分都很无趣一样。

拍摄的过程很顺利，韩寒也特别配合，我的团队成员对于能够拍到韩寒都很兴奋。他们每个人都拿了韩寒的书，想要签名，但是不敢说。我从来不允许他们找明星签名合影，因为怕人家觉得我们不专业。不过韩寒实在太特别了，拍完戏以后，我问他可不可以帮大家完成他们的心愿。

韩寒很善良，我在问他可不可以的时候，其实已经有了答案。他给每一本书都签了名，和每一个人都单独合了影，我觉得这是我为团队成员们做过的最酷的事情。

韩寒离开赛车场以后，我自己躲到一个小屋里平静了很久。菜花到处找我都找不到，吓坏了。后来她在小屋里看到我抹眼泪，问我怎么了。我说是高兴的，没想到我们的《屌丝男士》竟然拍到了韩寒，这一切竟然是真的，我们做到了。

现在想想，其实不是我们做到了，而是韩寒做到的。

07 你和波多野结衣是怎么回事？

《屌丝男士》第二季开播之前，我老家的亲戚给我打电话，问我和波多野结衣是怎么回事。没想到我们的绯闻已经传到了中朝边境，亲戚说我妈我爸也很着急，但是他们不敢问我，我就赶紧打电话回家解释。真的是好事不出门啊。

那段时间，网上到处都是我和波多野结衣被偷拍的照片，标题下得都很猛。竞争网站以前是不太发我的新闻的，那次倒是很踊跃。接下来我会告诉你真相，估计很多人要失望了：原来那不是真的啊！你信不信连我自己都有些失望呢？

《屌丝男士》刚开始筹备的时候，我列了一个悬赏名单，上面的名字是：苍井空、李毅、陈冠希、凤姐。我把这四个人分别分给了我团队里的四个人，让他们用各自的方法联系他们，如果谁能邀请到自己负责的人来拍《屌丝男士》，就给谁发奖金。

负责联系苍井空的是我的制片主任刘响，我觉得他就是年轻版的我，工作能力特别强，最关键的是长得很帅！嗯，这一点最像我了。但是他还是没能搞定苍井空，长得帅不能当钱花。也不知道是倒了几手的苍井空的什么经纪人，他当时开出的价钱我们承受不起。不过刘响说有意外收获，他联系到一个人，可以帮我们请到波多野结衣，这个人是波多野结衣在中国代言产品的负责人。刘响专门去了一趟上海，和对方谈好的置换条件是，波多野结衣出演《屌丝男士》，《屌丝男士》在剧情中植入他们的产品。

2013年4月12日下午两点，在拍摄现场的酒店楼下，我见到了从电脑里“爬出来”的波多野结衣。现在的我回想起来，记得最清楚的就是她身上的味道，那是一种很特别的香味，像青草，还有些甜甜的，我之前没闻到过，之后也没有。她的样子比想象中瘦小，挺柔弱的。那天上海国际成人展刚开幕，她上午还出席了产品的代言活动，可能是有些累了，一直在打哈欠。

她的声音很好听，绵绵的，但是那些话从翻译大叔的嘴里说出来就变了味道。她的身边一直跟着一个日本经纪人，有些凶，也不是特别照顾她。她自己拎着一个很大的包，我赶紧过去帮她拿，经纪人说没事儿，让她自己拿吧。我说别了，女孩儿还是不要吃太多的苦。波多野结衣看着我的眼神，就好像从来没有男生帮她拿过包一样。

在波多野结衣来中国之前，我们就已经把剧本给她的经纪人看过了，所以拍摄过程很顺利。后来波多野结衣让翻译大叔告诉我，说我很专业。我问她为什么，她说从肢体接触上能感觉到我很尊重她，让她很放心。

说到翻译大叔，本来戏里面的翻译员就想让他来演的，但是他死活不同意。我突然发现给波多野结衣拍花絮的中方工作人员很适合，就把他拽了出来，他也很高兴可以出镜，于是翻译大叔就跑去拍花絮了。

波多野结衣不会说英语，就算她会也没用，因为我也不行，哈哈。后来我想了一个办法，在手机里下了一个翻译软件，直接打字，然后翻译成日文给她看。她也下了一个软件，翻译大叔就被晾在一边，自己玩起了手机。

波多野结衣的手机里，都是美图的软件，还有一些小游戏，和我身边的女孩儿们差不多。我们聊天，更多的时候都是她在问我，有关吃的和玩的。她说这一次到上海，都没时间出去逛逛，希望下次再来中国时，可以不是因为工作。

翻译大叔和我说，波多野结衣在日本挺红的，也挺努力的；她和苍井空一样，用的都是艺名，因为怕家人知道。我很惊讶，连中国人都知道了，她们的家人会不知道吗？翻译大叔说，日本没有盗版，网上也看不了她们的作品，要想看就必须到特定的地方去买碟，所以她们的家人，很多甚至都不知道她们的职业。也不知道他是不是在蒙我。

翻译大叔还说，别看她们在中国很红，但是挺惨的，经纪公司对她们的管理非常严格，出来赚的这些钱，也分不到多少。说这话的时候我们刚收工，波多野结衣在酒店门口被人认出来，正在和大家合影。她笑得花枝招展，但是一坐到车里，就累得睡着了。后来波多野结衣代言产品的负责人带着我们一起去吃了饭，吃完饭又去足疗店按摩 我一直帮她拎着包，就是在这个过程中，我们被上海的记者朋友给拍了。

第二天，我要离开上海之前，去了一趟成人展现场。波多野结衣代言产品的舞台被挤得水泄不通，她在二楼休息，很多宅男爬到对面的楼上给她拍照，她被淹没在大家的目光中，一个人孤独地游。

波多野结衣看到我过去，挺开心的，掏出手机用翻译软件和我打招呼，可惜我已经把软件卸载了，就让翻译大叔和她说，我要回北京了，但是她还是坚持给我打字说："谢谢你。"

我都不知道她在谢我什么。

哦，对了，刘响虽然没请来苍井空，但是因为请到了波多野结衣，我还是给他发了奖金，以及波多野结衣送给我的她代言的产品，哈哈。

08 裸奔是什么感觉?

2013年7月10日，《屌丝男士》第二季第六集上线，二十四小时的点击率是1792万，打破了中国互联网历史上自制视频的二十四小时点击率纪录。这个数字到底有多恐怖呢？之前的纪录也是《屌丝男士》创造的，是2013年6月5日《屌丝男士》第二季第一集上线的时候，二十四小时的点击率是601万。新的纪录比上一次的纪录翻了将近三倍。

当然了，这一千多万里面有一千多万都是来看波多野结衣的，和我的关系不太大。那天从早上九点视频上线开始，到下午三四点钟，点击率就已经破了纪录；等我下班的时候，已经八百多万了。我在办公室开玩笑说，如果半夜十二点之前能够突破一千万，就裸奔。

我只是随便说说，因为总能听到谁谁谁为了庆祝什么成绩，嚷嚷着要裸奔，但是真正做到的不多。我说完就回家了，没想到还真有在公司等的人。大概晚上十一点半，我的电话响了，是刘响给我打的，他说：“鹏哥，过一千万了，可以裸奔了。”

我说：“滚犊子，我是闹着玩儿的。”刘响说：“鹏哥，别啊，你再不裸奔就跑不动了。”我说：“我才不呢，除非你们和我一起裸奔。”刘响说：“裸就裸。”然后他就把电话挂了。

他竟然把电话挂了，没给我回嘴的余地。我都脱光了要睡觉了，突然被这一通电话搅得热血沸腾，就又穿上衣服准备重新脱光。

我是被那句话击中的，“再不裸奔就跑不动了”。我觉得自己过去做什么事情都谨小慎微，很少冲动，借着这次破纪录，就干脆疯狂一次；再说了，还有那么多人陪着呢。

我在我们团队的微信群里吼了一嗓子，让大家在公司楼下集合，自愿裸奔，绝不强求。到最后一共有八个人参加这次行动，都是男的。

我们都是第一次裸奔，没什么经验。行动之前，我在朋友圈发了一条状态：“请问，裸奔犯法吗？”还真有一位律师朋友回复我，说：“你裸奔就不犯法。”我和他说我已经截图了，如果出了事情就找他。其实我挺害怕的，所以选了一条人少的路线，那时候已经是半夜十二点了，本来就没什么人。我规划好路线以后，在终点放了一条浴巾。这条浴巾可算是帮了大忙，其他人跑到终点以后，发现没什么东西可以挡着，就又按原路跑了回去，一边跑一边骂我鸡贼。

最逗的是后期剪辑小胡，他是最后一个到终点的。我们问他为什么跑得那么慢，他说路上遇到一个红灯，等了一会儿。

还有两个人，因为住在通州离公司太远了，就隔空助兴，自己在家楼下裸奔。一个是《大鹏嘚吧嘚》的主笔马犁，典型的文艺青年，写得一手好文章，弹得一手好吉他，泡得一手好妞，我对于他坚持要自己在通州裸奔很感动，毕竟我们一群人还能互相壮胆，他是自己一个人曝光，换了我我才不干呢；另外一个是我的化妆师春子，春子那天跑得可快了，因为后面有一条狗一直在撵他。

裸奔并没有想象中凉快，反而更热，而且速度也比平时跑步更快，因为怕跑慢了被别人看见，上面或者下面。我那天是穿着鞋跑的，所以也不能算是真正意义上的全裸，但是我觉得全裸也不现实，那样会磨脚。

我总结了几条裸奔的注意事项，没准儿有些人会用得上：

1.尽量选择在夜晚进行，白天裸奔小心挨打。

2.尽量避免和其他同性一起裸，否则容易出现攀比心态。

3.提前规划好裸奔路线，在终点处放置一些衣物，但一定不要告知他人，因为有可能会被拿走。

4.保持好身材。身材好的裸奔，是行为艺术；身材不好的裸奔，是耍流氓。

后来很多人在朋友圈问我，到底裸没裸奔，我就发了一张照片，把他们都震惊了，好几个人都转到了微博上。我一看别人都帮我公开了，就大方分享了。很快就有记者朋友打电话过来，问我为什么要这么做。我说这次裸奔并不是提前许下的承诺，纯属即兴表演，大家也不要多想，这就是我和我的团队，为了庆祝而单纯地疯狂。

那么裸奔到底是什么感觉呢？其实我完全来不及享受过程，满脑子想的都是被人看到怎么办？会不会被拍照？拍出来好不好看？可能也是因为第一次裸奔的关系吧，但是我也不准备做第二次的尝试，那样的话第一次就不值得珍惜了。

这就是我们裸奔的故事，有一些视频片段，放在了《屌丝男士》第二季的纪录片里。我每次想起这件事，依然会很感动：竟然有人为了遵守交通规则，裸奔的时候还要等红灯！

09 《屌丝男士》改变了你什么？

《屌丝男士》开播的前一天，我发了一条微博说：“我可能马上就要火了。”

那不是预感，而是科学。《屌丝男士》一定会很受欢迎，它有很好看的内容，因为所有大家看到的片段，都经过了三层筛选，没有办法不好看。

第一层的筛选人是我。在剧本创作阶段，我会给编剧群规定一些场景和人物关系，比如屌丝和女神在餐厅约会、算命先生在街头算命、保安在小区里巡逻等，每一位编剧会根据命题在同一场景下创作四五个桥段，所有人的剧本加在一起，就是二三十个桥段。我会从这二三十个桥段里选择十个左右我最喜欢的，其余的淘汰。

第二层的筛选人是明星们。每一个场景和人物关系，我都会邀请适合的明星们出演，有时候甚至想演什么角色，都是由明星本人提出来的。他们会收到我筛选好的剧本，然后从里面再挑选出他们自己最喜欢的。这个环节淘汰掉的剧本，有时候我会换人拍，有时候就干脆不要了。

第三层的筛选人是观众。每一季开播之前，我都会秘密举办几次看片会，邀请《大鹏嘚吧嘚》的观众、搜狐内部的同事、销售和宣传人员，公司附近学校的大学生，还有一些影评人参加。我还临时拉过很多大厦的保洁和保安一起看，我想知道不同人的反馈。我们会给大家发一个表格，让他们给每一个片段评级，级别是爆笑、好笑、一般、无聊、反感。最后，大部分观众认为无聊和反感的桥段，会从剧集里删掉。

因为这些很具体的方法，《屌丝男士》确保了本身有很好看的内容，加上强大的明星阵容，还有搜狐视频平台的力推，就像一加一在不会算错的情况下一定等于二一样，我觉得它一定会很受欢迎。

上线之前还有一个小插曲。那段时间搜狐视频搬家，我们团队因为要忙上线，所以集体没搬，整栋大楼只剩下我们几个人。《屌丝男士》播出的前一天晚上，我在后期机器上反复又检查了几遍第一集的内容，然后输出。菜花他们说要去楼下买点儿吃的带上来庆祝一下，我挺累的就没去，自己在电脑前盯着。

就在《屌丝男士》第一集成片输出到一半的时候，电脑突然黑了，灯也黑了，整栋楼都黑了。那几天大厦里除了我们就是装修工人，可能是装修出了什么问题，停电了。

窗外路灯的光渗了进来，我看着空空的办公室，突然有种很放松的感觉。不用再憋剧本，不用再请明星，不用再搞笑……整个世界都安静了。我随手抄起办公室的吉他唱起歌，周围一个人都没有，我没有听众，但是特别投入。我很开心。

菜花他们不开心，他们被困在电梯里，刚买完东西上楼就正好遇上停电，吓坏了。等来电以后，大家还以为第一集没输出成功我会崩溃呢。我说我反倒踏实了，这说明咱们肯定会火，因为能量守恒嘛，遇到一件不顺的事情，就一定会有好事降临。这么多年我都是这样暗示自己的，要不然早都颓了。

我唱出瘾了，即使来了电，也跑去把整个楼层的灯都关了。我们一边等着第一集重新输出，一边开了个小型联欢会，好像回到了校园时光，借着窗外昏黄的路灯，唱歌，聊天，吃东西。

《屌丝男士》播出以后，我的世界发生了一些变化。走在路上，认识我的人越来越多。有一次去买衣服，遇到一个小女孩儿，她惊讶地看着我，大声和她妈妈说："妈妈快看！他就是那个屌丝！"搞得我很尴尬。

还有一些人，以为我在生活中就应该和戏里一样。他们见到我，会用戏里的台词和我聊天，我如果不接招，他们就会失望。有的人比我还调皮。有一回我等电梯，走过来一个男孩儿问我能不能合个影，我说可以啊，他就笑了，说："我逗你玩呢，上当了吧。"我愣在原地的表情肯定特别好笑，因为周围的人都笑喷了。

我上班也变得不怎么自在了，以前都可以穿得很邋遢，但是现在不行了，因为每天都会有不同部门的同事们过来参观我。他们三五成群，站在离我几米远的地方指指点点，还拍照，但是不扔东西。

我还经常在很早或者很晚的时候接到老同学们的电话。很早的电话就是随便问问我在干什么，我说在睡觉，他们就笑我都七点了还不起床昨晚干啥了；很晚的电话一般都是老同学们喝多了，和别人说认识我，可是别人不信，他们就打开免提让我和他们聊几句。

我工作上的邀约也变得多了起来。最一开始，我从来不拒绝，因为我觉得任何人提供任何机会给我，都是看得起我，咱自己没有资格挑拣什么。2012年底，我录了无数的节目，参加了五家卫视的春晚，后来演了些什么自己都不记得了，每天就是不停地在各个城市之间飞、彩排、录影。

我在东方卫视春晚上演的小品，是和柳岩一起演的，这个我没忘。一是因为轮到我们节目播出的时候，正好赶上江苏卫视春晚在播F4重聚，连我自己都去看F4了，根本就没有人看我，令我印象很深刻；二是那几天我生病了，发烧还咳嗽，一边排练一边打吊瓶，等演完以后整个人都虚脱了，也来不及去医院，就去了机场。菜花很心疼我，说我不能再这样了，要学会拒绝。

我后来意识到拒绝的重要性，是在《百变大咖秀》上。那时候我忙着到处飞，完全没有时间准备，有几次模仿我很不满意，特别是模仿高晓松那次，一首歌最后被剪到只剩下二十几秒，我很难过。我意识到，如果自己认认真真做一件事情，全力以赴，一定可以做好；如果什么事情都做，分散了时间和精力，就都做不好；这是对自己的不负责，更是对别人的不负责。

反正《屌丝男士》的播出，给我带来了很多的改变，有更多的人和机会在我的面前展开，我经常和菜花说的一句话就是："怎么突然一下全世界都想要和咱们发生关系了呢？"但是我面对这些改变，心里并没有太多的波澜，可能和我之前采访过太多的明星有关系吧。谁都有可能被忘记，只是时间的问题，所以如果别人都拿自己当回事儿，自己可千万不能当回事儿。

10 你老婆是谁？

《屌丝男士》播出以后，在百度里输入“大鹏”，最多的相关搜索就是“大鹏的老婆是谁”。看起来大家对于这件事情很感兴趣。这是担心我娶不着媳妇吗？

或许你还会搜到一篇很知音体的文章，写我和我老婆的北漂故事，挺肉麻的，我俩看完以后乐得不行，里面有一句话：“大鹏任由他的妻子撒娇般地不停捶打胸膛。”我俩现在老拿这句话开玩笑，总是“撒娇般地不停捶打胸膛”。文章的作者是朋友介绍认识的，他采访完我们之后，又添了好多油加了好多醋，投稿到很多情感杂志。若干年以后，那篇文章成了大家了解我老婆的唯一线索。今天我决定自己写一篇，更加真实的。

我和我媳妇是在大学里认识的。刚开学没几天，我就被选作主持人，主持新生入学晚会，搭档的女主持人就是她。当时她头发短短的，干净清爽，穿着军训的服装，特别潇洒。我一看到她就喜欢上了。

彩排的时候，有一个男孩唱了一首歌，她在旁边嘟囔了一句，唱得真好啊。我说这算什么，我还没上呢。过了一会儿，我拿吉他弹唱了一首《白桦林》，她再看我时的眼神就已经不一样了。

我们俩从认识到相恋，也就几天的时间，当时我自己都觉得太快了——按照这样的速度，大学生活得精彩成什么样啊！没想到这一恋上就到了现在，但是大学的生活依然很精彩。

那时候我最感动的，就是她为了我，竟然去学了架子鼓。当时我想组乐队，找不到合适的鼓手，她练得很努力，但是总被我训哭。不得不承认，她打鼓还是挺帅的，后来成了我们乐队的招牌。

我们俩也没什么钱约会，就手拉手围着学校操场转圈，一圈接着一圈。别的同学约会都去麦当劳，我们俩每次从门口经过，都馋得不行。后来终于攒了几十块钱，决定进去吃一顿。我特别怕出丑，因为不知道进了里面怎么点东西，特意请教了一下寝室的兄弟。多亏问了一嘴，要不然真的坐在座位上叫服务员点菜了。

她和我的生日差不多，我是1月12日，她是1月17日。在我们都没有手机的时候，我送给过她一个很浪漫的生日礼物——对讲机。我们的寝室离着不太远，也就几十米。我花了八十块钱从杂志上邮购了一对对讲机，以为这样就可以随时通话了，可是送给她以后才发现，那个对讲机离着几十米根本就不好使。

大学毕业以后，她家里给她在老家白城找了一份银行的工作。我来了北京，没过几天，她就追来了，说要陪着我，把人家银行给炒了。她到北京以后过了一段没有工作的日子，找不到工作就给我做饭，把我喂得挺胖的，害得我直到现在还在减肥。后来她做过药品销售，做过网站前台，一年多以后才算有了稳定的工作。

2006年9月12日，我们俩回到长春领了结婚证。因为在一起已经成为了习惯，所以领证前后，心理并没有特别明显的变化，就是一起住酒店时更踏实了。

有一件事儿我一直耿耿于怀。去长春之前，我主持了一个活动，被一个化妆师修了眉毛，当时看上去挺清秀的，也没觉得哪里不对。回到家我老婆问我："谁把你的眉毛刮这么细啊？"我顶着林黛玉的细眉和她去领了结婚证，还办了二代身份证、护照和港澳通行证。办二代身份证的时候我要求画一下眉毛，办证的人不同意，说二代身分证照相不能化妆，我说我本来也不长这样啊。后来我每次过安检，人家都会盯着我那张很娘的身份证照片看半天。

2008年5月2日，我们俩回到我的老家集安举办了婚礼。结婚的前一天晚上，我们还不知道流程，就打电话给司仪，问可不可以彩排一下。司仪说："没关系，你们跟着我走就行。"我说不行啊，我还不知道我要干什么呢！司仪说："我知道就行了呗。"

我一直说欠媳妇一个像样的婚礼。我们在老家办的那次，都是给我爸我妈办的，来了好几十桌客人，我认识的只有几桌。尽管那已经是我们小城很隆重的一次婚礼了，但是气氛和我们在北京参加的这些婚礼比起来，相当非主流。不过我媳妇说她挺满意的，如果有机会，倒是可以重新照一次婚纱照。

我们照婚纱照的时候，她的牙齿不太整齐，现在戴了牙套，已经好多了。奇怪的是，我从来没有觉得她的牙齿不整齐，连她嘴边有的一颗很明显的痣，我慢慢地都给它看没了。

我们的婚礼上，唯一自己设计的环节就是互赠礼物。我们俩说好了，谁也不告诉对方要送什么，现场的时候再揭晓。结果她送了我一个苹果手机，是攒了好几个月的钱买的。她明显亏了，我送给她的礼物只花了十五块钱，是一件小孩的衣服。

后来她就怀孕了。2009年1月17日，她过生日那天，我们俩正在家里要切蛋糕呢，她突然肚子疼，我们赶紧去了医院。1月18日凌晨两点四十分，我们的女儿出生了。一家三口摩羯座，我管这叫“三羊开泰”。

在我所从事的行业里，在我这个年龄结婚生孩子的不太多，他们总说我不正常。其实，我这个节奏是再正常不过的了，只不过不正常的多了，正常的反倒不正常了。我在还没有更多人关注的时候，就已经成家了，所以我家里的这些事情，很多人都不知道。我虽然从来也不隐瞒，但是很少主动提及。我觉得我们的爱情，是最普通的爱情；我们的家庭，也是最普通的家庭。

我媳妇也老说自己普通，所以能够代表大众。我的所有作品，她都是第一个观众，我很在乎她的看法。这本书里的每一篇文章，负责帮我挑错别字的也是她，但是这位观众有一点很不好，就是总说我很好，相当不客观。

写这篇文章之前，我问了她一个问题。我说："老婆啊，你和我在一起这么多年，最难忘的是什么事？"她想了想说："那我就告诉你吧，在我们俩确定恋爱关系的那天晚上，你送我回寝室的时候，我和你说，你以后有什么衣服都可以给我，我帮你洗。其实那句话我本来是和你客气客气的，没想到第二天你真的拿来一堆衣服。从那天开始，老娘给你洗了十几年衣服，这是我最最难忘的事。"

恐怕我的衣服，她还得继续洗下去了。除了洗衣服，这本书里写到的很多故事，她都有参与。如果你现在翻回去，再看一遍我之前写的那些故事，一定会有不一样的感受。因为故事的主人公，从来就不是一个人。

在我捧着花在报社楼下等雪村的时候，在我去哈尔滨面试唱片公司结果人家和我要十五万块的时候，在我被唱片公司骗到北京录单曲的时候，在我为了要上电视去西单买了一件八百块钱的西服的时候，在我守在电视前结果发现我的镜头被剪掉的时候，在我纠结到底要不要和公司签艺人合约的时候，在我第一次演话剧因为不会演而自卑的时候，在我戴着口罩去看《完美新娘》结果发现电影院里根本没别人的时候，在我大半夜去给我师父满北京买鸡爪子的时候，在我撞坏了人家的保时捷担惊受怕的时候，在我因为"抄袭"片头被网友们骂的时候，在我为了庆祝《屌丝男士》收视率破纪录裸奔的时候，我媳妇始终都陪在我身边，和我在一起。

图书在版编目（CIP）数据

在难搞的日子笑出声来 / 大鹏著. —北京：北京联合出版公司，2013.12（2017.12重印）

ISBN 978-7-5502-2375-2

Ⅰ.①在… Ⅱ.①大… Ⅲ.①董成鹏—自传 ②成功心理—通俗读物 Ⅳ.①K825.78 ②B848.4-49

中国版本图书馆CIP数据核字(2013)第281184号

在难搞的日子笑出声来

作　　者：大　鹏

责任编辑：孙志文

装帧设计：门乃婷工作室

北京联合出版公司出版

（北京市西城区德外大街83号楼9层　100088）

北京嘉业印刷厂印刷　新华书店经销

字数150千字　700毫米×980毫米　1/16　15印张

2014年2月第1版　2017年12月第13次印刷

ISBN 978-7-5502-2375-2

定价：39.80元
